The Application of
Adaptation Techology
in Importation of
Induction Well Logging
Instruments Made in Russia

适配技术

在引进俄罗斯感应测井仪器中的应用

熊晓东　罗明璋　吴爱平　魏　勇　著

華中科技大學出版社
http://www.hustp.com
中国·武汉

内容简介

本书提出了测井仪器适配技术的概念，详细介绍了作者如何用测井仪器适配技术成功地解决我国油田引进俄罗斯感应测井仪的难题，为我国油田创造了良好的经济效益与社会效益。书中指出这种方案和技术手段同样适用于解决其他测井仪器的引进或实现不同厂家生产的测井仪器之间的配接。

图书在版编目(CIP)数据

适配技术在引进俄罗斯感应测井仪器中的应用/熊晓东等著.—武汉：华中科技大学出版社，2017.12

ISBN 978-7-5680-3649-8

Ⅰ.①适… Ⅱ.①熊… Ⅲ.①感应测井仪 Ⅳ.①TH763.1

中国版本图书馆 CIP 数据核字(2017)第 319001 号

适配技术在引进俄罗斯感应测井仪器中的应用 熊晓东 罗明璋 吴爱平 魏 勇 著

Shipei Jishu zai Yinjin Eluosi Ganying Cejin Yiqi zhong de Yingyong

策划编辑：王红梅
责任编辑：余 涛
封面设计：秦 茹
责任校对：刘 竣
责任监印：周治超
出版发行：华中科技大学出版社(中国·武汉) 电话：(027)81321913
武汉市东湖新技术开发区华工科技园 邮编：430223
录 排：武汉市洪山区佳年华文印部
印 刷：武汉市金港彩印有限公司
开 本：710mm×1000mm 1/16
印 张：5.75
字 数：94 千字
版 次：2017 年 12 月第 1 版第 1 次印刷
定 价：38.00 元

华中出版

本书若有印装质量问题，请向出版社营销中心调换
全国免费服务热线：400-6679-118 竭诚为您服务
版权所有 侵权必究

前　言

感应测井是利用电磁感应原理测量地层电导率的一种测井方法。由于电磁波的传播不会因井内不存在导电介质而受到限制，因此感应测井在有些情况下能克服电阻率测井无法克服的困难。测井生产实践已经表明：感应测井对于低电阻率油气层的识别较电阻率测井具有明显优势。

HIL 感应测井仪是由俄罗斯研究制造的一种比较先进的感应测井仪器。与我国自主研发的同类感应测井仪器相比，HIL 感应测井仪不仅性能稳定，测量的重复性好，而且探测范围大、动态范围宽，能更准确地反映地层的真实电阻率；与从国外引进的 ECLIPS-5700、MAXIS-500 阵列感应测井仪相比，HIL 感应测井仪虽然整体性能没有优势，但它却拥有更好的性能价格比。

为了让这种高性价比的感应测井仪在我国的石油勘探中发挥重要作用，我国多个油田陆续从俄罗斯引进了 HIL 感应测井仪。由于俄罗斯生产的 HIL 感应测井仪与测井地面系统之间采用曼彻斯特码通过电缆直接进行通信，而我国的井下测井仪器与测井地面系统之间一般需要经过井下数传短接的桥接进行通信，因此，HIL 感应测井仪与我国各油田的测井地面系统的数据传输格式不相匹配。也就是说，俄罗斯生产的 HIL 感应测井仪不能直接配接在我国生产的测井地面系统上实现测井功能。

为了解决这个问题，俄罗斯方面临时研制了实现两种协议之间相互转换的 AC-3 适配器。虽然在 AC-3 适配器的支持下，我国的测井地面系统可以配接 HIL 感应测井仪完成测井任务，但是实践证明该适配器在使用过程中存在着诸多问题，严重地影响了 HIL 感应测井仪在我国的推广和应用。

为了及时解决 HIL 感应测井仪在我国推广应用过程中出现的以上问题，长江大学先后与北京北方亨泰科技发展有限公司和中国石油集团测井有限公司技术中心开展技术合作，运用测井仪器适配技术，成功地开发了与 HIL 感应测井仪相配接的 Ht-log 便携式测井地面系统和 HIL 感应测井仪井下专用短接，为 HIL 感应测井仪在我国油田顺利推广和应用做出了重大贡献，并产生了可观的经济效益和社会效益。

在研制与 HIL 感应测井仪相配接的 Ht-log 便携式测井地面系统和 HIL 感应测井仪井下专用短接的过程中，得到了北京北方亨泰科技发展有限公司和中国石油集团测井有限公司技术中心许多同志的大力支持，在此一并表示衷心感谢！

适配技术不但可以解决 HIL 感应测井仪与我国生产的测井地面系统之间的不匹配、不兼容的问题，从而解决高性价比的 HIL 感应测井仪为我国油田所用的问题，而且可以有效地解决其他国家或者企业生产的测井仪器之间存在不匹配、不兼容问题，使之都能为我国相关部门所用。

作　者

2017 年 12 月

目　录

测井系统概述

1.1 测井技术在石油勘探开发中的地位与作用

石油是一种黏稠的、深褐色的液体，是各种烷烃、环烷烃、芳香烃的混合物，自然储存在地球的地壳上层部分地区，分布在世界各地。自工业革命以来，人类对石油的依赖越来越大，石油已经被称为“工业的血液”。

要把深埋在陆地下和海洋底下的石油开采出来并为人类所用，人类必须使用石油勘探开发技术才能实现。石油勘探开发包含地质、物探、钻井、录井、测井、固井、采油等多个工程技术环节。其中，测井技术采用声、电、磁、放射性物质等物理测量方法，应用电子技术、信息技术、测控技术、计算机技术等高新技术，在井中对地层的各项物理参数进行连续测量，通过对测得的数据进行处理和解释，得到地层的岩性、孔隙度、渗透率及含油饱和度等参数。

测井技术是石油勘探开发中必不可少的一个工程技术环节,服务于石油勘探开发的全过程,是名副其实的高科技。因此,测井技术在石油勘探开发中有着极其重要的地位,发挥着不可替代的作用。

1.2 测井系统的基本组成

测井技术包括测井方法、测井装备和测井解释三个方面。测井系统是指实现测井功能的一整套装备,属于测井装备的范畴。

图 1-1 所示的是测井现场示意图。左边高高耸立的是钻井井架,右边的工程车是测井仪器车。测井仪器车与测井下井仪器之间由电缆连接起来,电缆由安装在钻井井架上的天滑轮、地滑轮和测井仪器车上的提升机支撑。在提升机的控制下,测井下井仪器可以下放到几千米深的井底。

图 1-1 测井现场示意图

图 1-2 所示的是测井系统示意图。测井仪器车、提升机、下井仪器、井架、电缆在图 1-2 中均能直观地找到。图 1-2 的右上方虚线框里的内容是安装在测井仪器车里的测井地面系统的示意图。

如图 1-2 所示,该测井地面系统由左右对称的两套系统组成,集线器和电缆切换器为两套系统公用。其中,系统 A 通过测井电缆与下井

仪器相连，而系统 B 通过模拟电缆与另外一只下井仪器相连。一套系统在进行实际测井的时候，另外一套系统在地面进行测量、校验和检查工作。

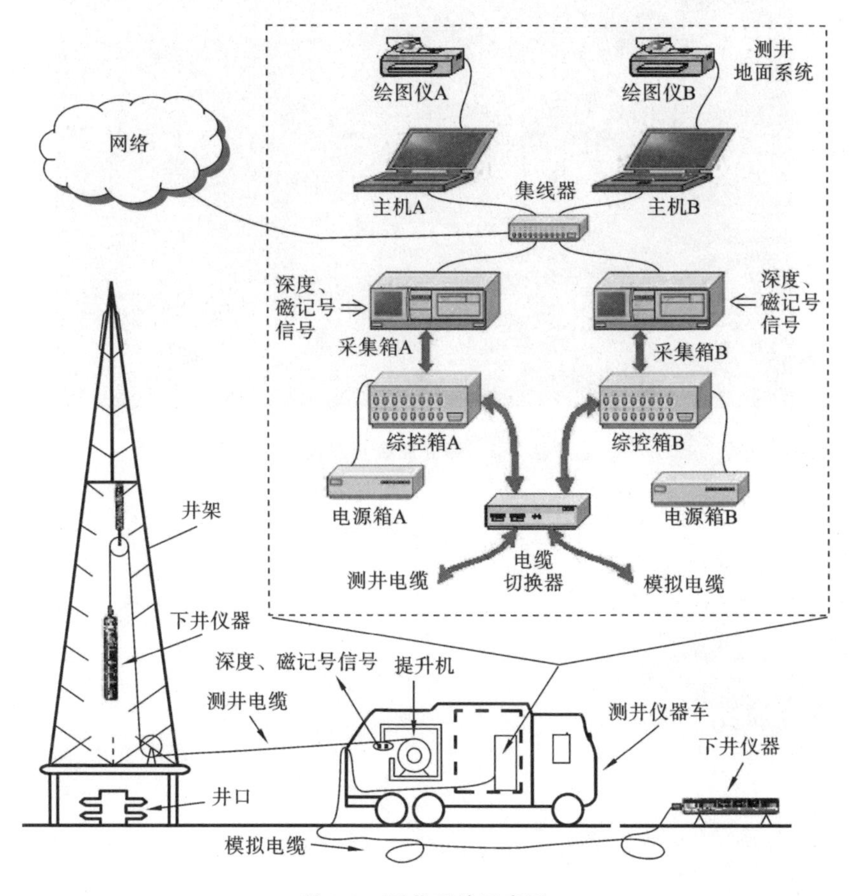

图 1-2　测井系统示意图

电源箱给下井仪器提供各种需要的电源，综控箱是电源箱、采集箱和下井测井仪之间的桥梁。采集箱在主机的控制下，一方面将主机的命令通过综控箱、电缆送给下井仪器，另一方面采集深度、磁记号和来自下井仪器的信号，并将这些有用信息传送给主机。主机将这些信息以数据的形式存储在硬盘上，并以如图 1-3 所示的曲线形式实时、直观地显示在主机的屏幕上，同时按曲线形式由绘图仪打印出来。

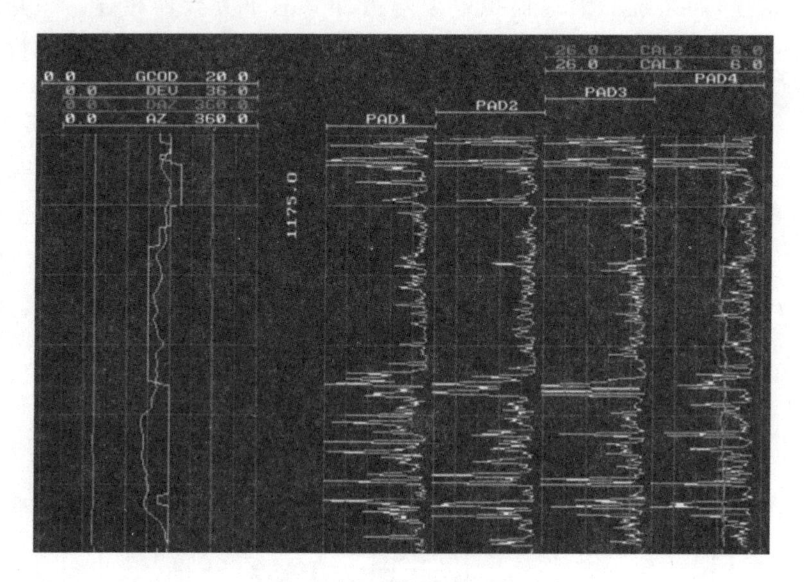
26.0 CAL2 6.0
26.0 CAL1 6.0
PAD4
PAD3
PAD2
PAD1
0.0 GCOD 20.0
0.0 DEV 36.0
0.0 AZ 360.0
1175.0

图 1-3　测井曲线示意图

引进 HIL 感应测井仪的意义及问题

本章首先介绍普通感应测井仪的基本原理，然后介绍俄罗斯研制的HIL 感应测井仪的特点，在此基础上说明引进 HIL 感应测井仪的意义，以及在引进过程中碰到的问题。

2.1 感应测井仪的基本原理

感应测井是利用电磁感应原理测量地层电导率的测井方法，其测量原理如图 2-1 所示。正弦波振荡器发出 20 kHz 强度一定的交流电流，交流电流激励发射线圈，在任一时刻发射电流 i_T 可表示为：

$$i_T = I_0 e^{j\omega t} \tag{2-1}$$

式中：I_0 为电流幅度值；ω 为发射电流的角频率。

这个电流会在井周围地层中形成交变电磁场。可以设想把地层分割成许多以井轴为中心的地层单元环（见图 2-1），每个地层单元环相当于具有一定电导率的线圈。发射电流所形成的电磁场就会在这些地层单元环中感应产生电动势 e_L，其大小可为：

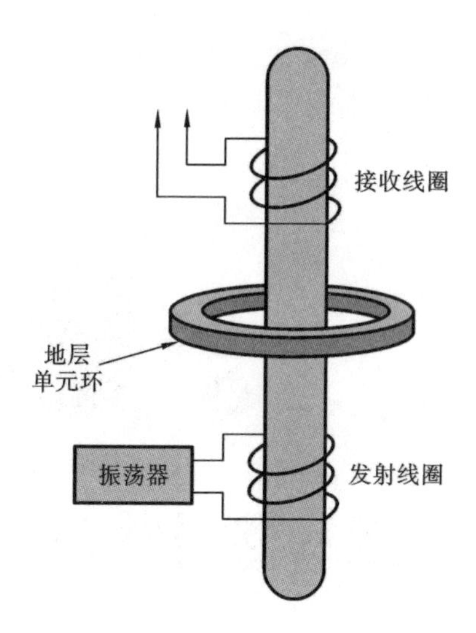

图 2-1 感应测井测量原理

$$e_{\mathrm{L}}=-M\cdot\frac{\mathrm{d}i_{\mathrm{T}}}{\mathrm{d}t}=-\mathrm{j}\omega Mi_{\mathrm{T}} \tag{2-2}$$

式中：M 为发射线圈和地层单元环之间的互感。

从式(2-2)不难看出，感应电动势 e_{L} 滞后发射电流 $\pi/2$，于是地层单元环内的感应电流可表示为：

$$i_{\mathrm{L}}=\sigma\cdot e_{\mathrm{L}}$$

式中：i_{L} 的大小取决于地层的电导率 σ。这个环电流又会形成二次交变电磁场，在二次电磁场的作用下，接收线圈产生的感应电动势 e_{R} 为：

$$e_{\mathrm{R}}=-M'\frac{\mathrm{d}i_{\mathrm{L}}}{\mathrm{d}t}=-M'(-\mathrm{j}\omega M\sigma)\frac{\mathrm{d}i_{\mathrm{T}}}{\mathrm{d}t}=-\omega^{2}MM'\sigma i_{\mathrm{T}} \tag{2-3}$$

式中：M'为地层单元环和接收线圈之间的互感。

接收线圈的电压正比于地层单元环电导率，且与发射电流 i_{T} 反相。互感 M、M'取决于地层单元环的位置和几何尺寸。

在接收线圈中，除了二次电磁场产生的感应电动势外，发射电流 i_{T} 所形成的一次电磁场也会引起感应电动势。这种由发射线圈对接收线圈直接耦合产生的感应电动势可表示为：

$$e_{\mathrm{X}}=-M''\frac{\mathrm{d}i_{\mathrm{T}}}{\mathrm{d}t}=-\mathrm{j}\omega M''i_{\mathrm{T}} \tag{2-4}$$

式中：M''为两线圈之间的互感。

直接耦合引起的感应电动势与发射电流的相位差为 $\pi/2$，与地层电导率无关。因此，接收线圈给出的信号包含了两个分量：与地层电导率成正比的 e_R，它和发射电流的相位差为 π；与地层电导率无关的直耦信号 e_X，它和发射电流的相位差为 $\pi/2$。前者称为 R 信号，是测量需要的；后者称为 X 信号，是测量过程中需要消除的。由于 e_X 与 e_R 相位差为 $\pi/2$，因此可以通过电子线路予以鉴别，从而达到测量 R 信号的目的。

必须指出的是，上述测量原理是简化的、近似的，没有考虑电磁场在地层中传播时能量的损耗和相移，即通常所称的传播效应。由传播效应引起测量信号的减小，可在电路中或数据处理中予以校正，通常称为传播效应校正。

在把地层分割为许多单元环后，各个地层单元环对接收线圈信号的贡献是不同的，这取决于地层单元环的电导率、它相对于仪器的位置及它的几何尺寸。

相对于仪器线圈系，几何位置不同的地层单元环的几何因子是不同的，对 R 信号的贡献也不同。因此，研究仪器对于仪器周围地层的响应，可以通过研究几何因子的变化特性来实现。研究径向几何因子特性，可以了解不同区域（钻井液、侵入带、原状地层）对感应测井 R 信号的贡献，从而也就研究了线圈系的径向特性、仪器的探测深度。研究纵向几何因子特性，可以了解目的层以及围岩对感应测井 R 信号的贡献，从而也就研究了线圈系的纵向特性，即仪器的分层能力。

图 2-2 所示的是双线圈系感应测井的径向特性。图中曲线 1 是径向微分几何因子特性曲线，曲线 2 是径向积分几何因子特性曲线。径向微分几何因子 G_r 的物理意义是：半径为 r 的单位壁厚的无限长圆筒介质对测量的视电导率的相对贡献。径向积分几何因子 G_D 则表示半径为 r 的无限长圆柱状介质对测量结果的相对贡献。

图 2-3 所示的是双线圈系感应测井的纵向特性。图中曲线 1 是纵向微分几何因子特性曲线，曲线 2 是纵向积分几何因子特性曲线。纵向微分几何因子 G_Z 表示坐标为 Z 的单位厚度水平薄层对感应测井视电导率的相对贡献。纵向积分几何因子 G_H 是地层对 R 信号的贡献，它表示正对线圈系中点、厚度为 H 的水平地层对视电导率的相对贡献。

在双线圈系中，增加两线圈之间的距离可以改善探测深度，但是垂直分辨率变差。此外，双线圈系的直耦信号太强，以致无法从强的 X 信号中

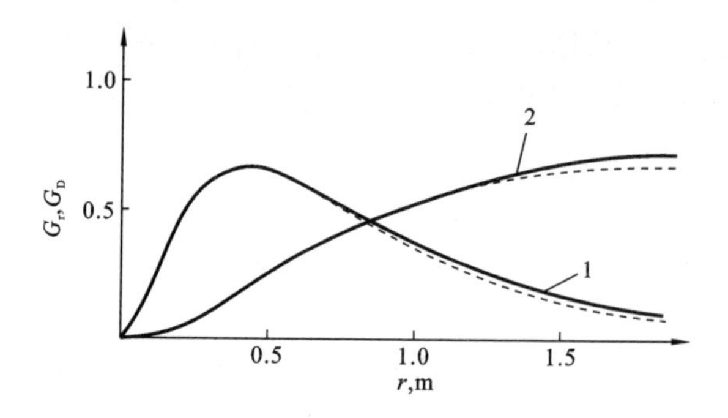

图 2-2　双线圈系径向特性(L=1 m)

1—径向微分几何因子特性曲线；2—径向积分几何因子特性曲线

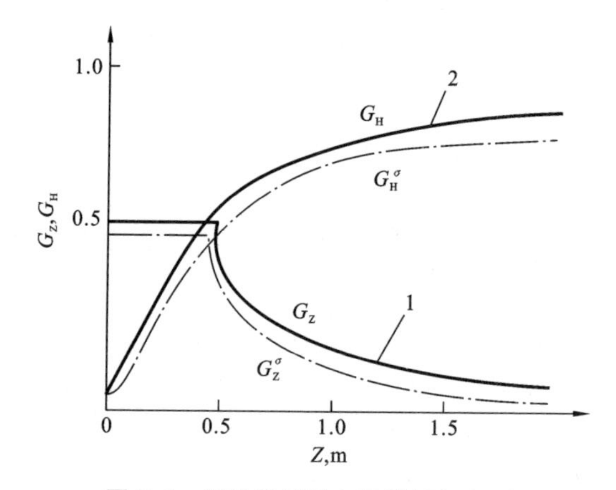

图 2-3　双线圈系纵向特性(L=1 m)

1—纵向微分几何因子特性曲线；2—纵向积分几何因子特性曲线

检测出弱的 R 信号，因此，双线圈系无实用价值。为了同时改善线圈系的径向特性和纵向特性，实际上采用的是多线圈系或复合线圈系。多线圈系中，除了主发射线圈和主接收线圈外，还增加了若干个辅助的发射线圈和接收线圈，它们和主线圈串接组成多线圈系。由串接的 m 个发射线圈和串接的 n 个接收线圈组成的多线圈系，可以看成是由 $m \times n$ 个简单的双线圈系组成的。多线圈系的几何因子特性可看成是各个双线圈系几何因子特性的叠加，设计多线圈系的主要目的是改善感应测井的径向特性和纵向特性。

图 2-4 所示的是三线圈系中的补偿线圈 R_1 可以补偿井眼部分介质影

响的示意图。曲线 1 是 T_0R_0 双线圈系的径向微分几何因子特性曲线，曲线 2 是 T_0R_1 双线圈系的径向微分几何因子特性曲线，曲线 3 是抵消后的三线圈系径向微分几何因子特性曲线。显然，曲线 3 的径向特性要好于曲线 1 的。

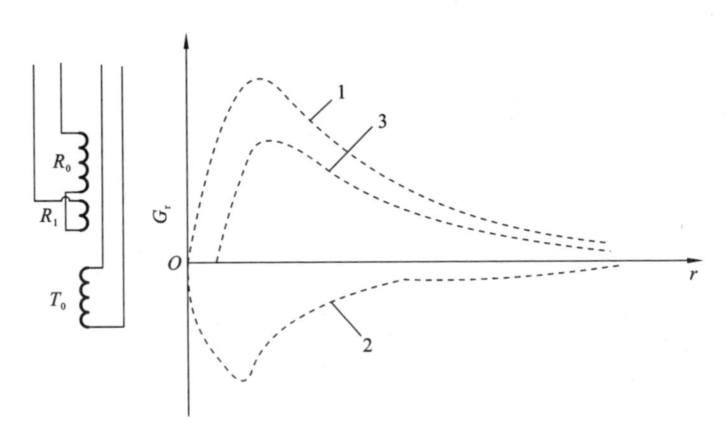

图 2-4 补偿线圈消除井眼部分介质影响示意图

图 2-5 所示的是四线圈系中的补偿线圈 T_1、R_1 可以补偿围岩影响示意图。曲线 1 是 T_0、R_0 双线圈的纵向微分几何因子特性曲线，曲线 2 是 T_0、R_1，T_1、R_0 两个双线圈的纵向微分几何因子特性曲线，曲线 3 是复合线圈系的纵向微分几何因子特性曲线。显然，曲线 3 的纵向特性要好于曲线 1 的。

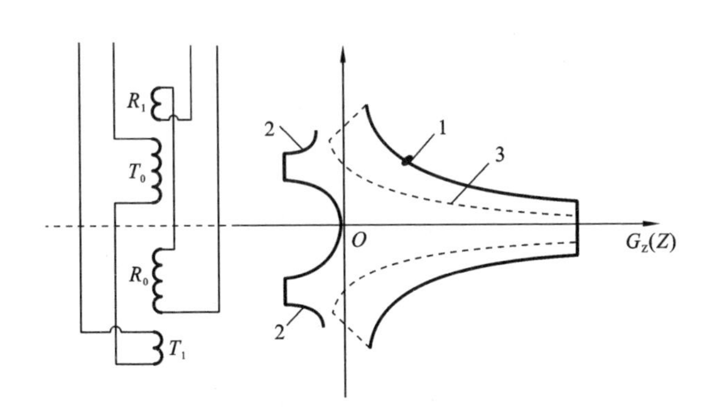

图 2-5 聚焦线圈补偿围岩影响示意图

图 2-6 所示的是中国自主研发的 1503 双感应测井仪多线圈系示意图，这种感应测井仪在我国油田广泛使用。图中，深感应和中感应分别测得一条感应测井电导率曲线，它们的不同之处主要在于探测深度不一样。T_1、T_2、T_3 为发射线圈，R_1、R_2、R_3 为深感应的接收线圈，r_1、r_2、r_3、r_4、r_5 为中感应的接收线圈。其中 T_1 为主发射线圈，T_2、T_3 为补偿发射线圈；R_1 为深感应的主接收线圈，R_2、R_3 为深感应的补偿接收线圈；r_1 为中感应的主接收线圈，r_2、r_3、r_4、r_5 为中感应的补偿接收线圈。所有的补偿线圈均是为了改善径向或者纵向几何因子特性而精心设计的。另外，设置这些补偿线圈时还需要尽可能具备抵消直耦信号的功能。

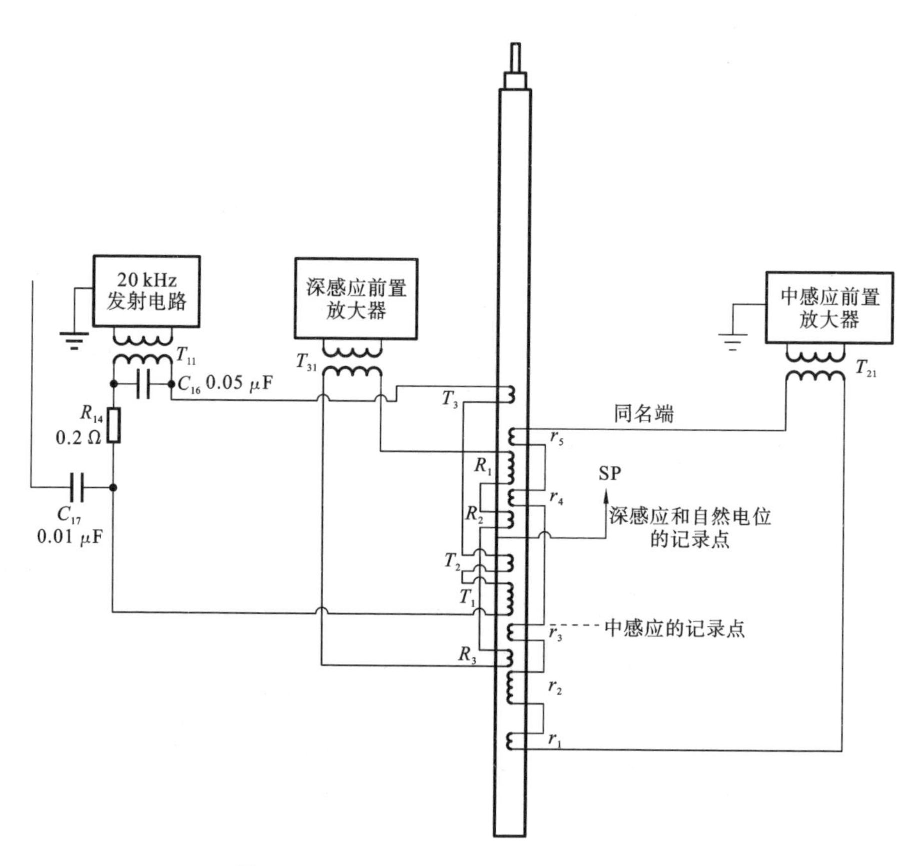

图 2-6　1503 双感应测井仪多线圈系示意图

2.2 HIL 感应测井仪

HIL 感应测井仪是一种四线圈系阵列感应仪器，可用于对多种钻井液的中高矿化度地层油、气、水的判断和识别，尤其对于深侵入地层、低矿化度地层，具有较高的识别能力。HIL 感应测井仪适用于多种泥浆或干井的测井，一次下井可测得 4 条实部、4 条虚部电导率曲线和自然电位曲线。与传统的双感应八侧向测井仪相比，它获得的测井信息丰富，具有径向探测范围大、纵向探测分辨率高的优点。由于 HIL 感应测井仪采用独特的陶瓷外壳，信号传输采用数码遥传方式，因此下井仪器结构轻巧简洁，性能稳定。

2.2.1 HIL 感应测井仪结构

HIL 感应测井仪最突出的特点在于仪器的结构组成，主要体现在它的陶瓷柱体外壳，有了这个高强度耐压透射外壳，仪器无需注油，也无需其他支撑芯棒，仪器的电子线路和线圈系就可以相间固定在同一个特制的金属芯杆上，使得仪器自身结构紧凑简洁，性能稳定可靠。如图 2-7 所示，测量线圈由 4 个不同探测深度的线圈系组成，L1 为公用测量线圈，L3、L4、L1 组成 3I0.5 浅探测线圈系，发射器为 U1；L5、L6、L1 组成3I0.85中探测线圈系，发射器为 U2；L7、L8、L1 组成 3I1.26 中深探测线圈系，发射器为 U3；L9、L10、L1 组成 3I2.05 深探测线圈系，发射器为 U4。L3、L5、L7、L9 为主发射线圈，L4、L6、L8、L10 为辅助发射线圈，起聚焦作用。L2 作为一个特殊线圈提供参考信号，用于对有用信号进行检波和给不同信号分配不同的测量通道。每个线圈系的参考信号由方向板按时间顺序生成。每个线圈系有 4 个参考信号：有用信号实部同相、有用信号实部反相、有用信号虚部同相、有用信号虚部反相。经检波后，得到与每个线圈相对应的 4 个信号分量。

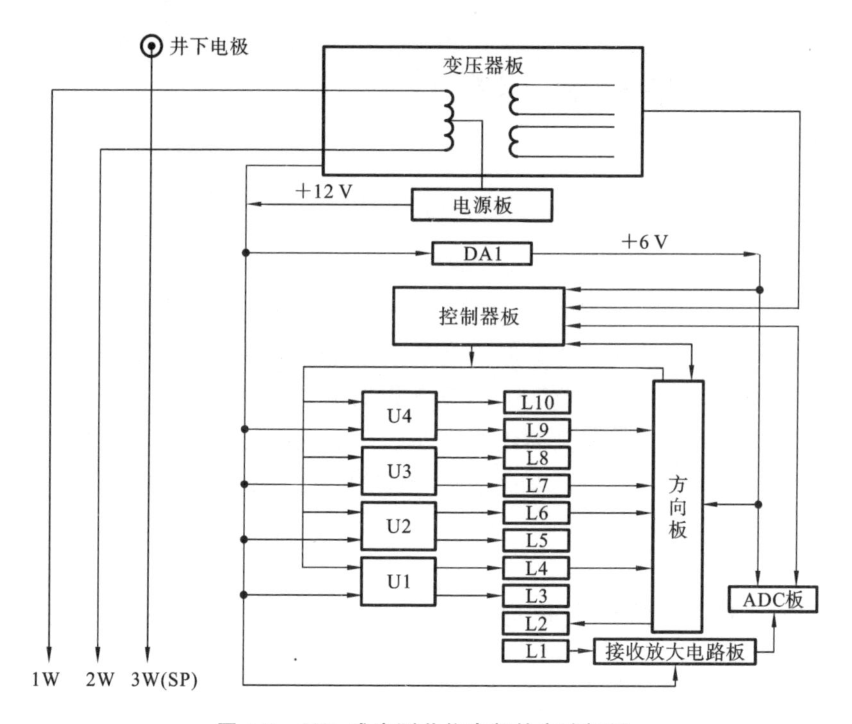

图 2-7　HIL 感应测井仪内部的电路框图

2.2.2　HIL 感应测井仪电路工作原理

仪器电路多采用高性能集成芯片和贴片元器件，体积小，结构简洁，数字化程度高。发射电路分布在各发射线圈附近，接收放大电路板和 ADC 板设计在紧挨接收线圈的位置，可以减少信号干扰和衰减，使得测量信号更加稳定可靠。HIL 感应测井仪的电路框图如图 2-7 所示。

2.3　引进 HIL 感应测井仪的意义

感应测井是利用电磁感应原理测量地层电导率的一种测井方法。由于电磁波的传播不会因井内不存在导电介质而受到限制，因此感应测井在有些情况下能克服电阻率测井无法克服的困难。测井生产实践已经表明:感应测井对于低电阻率油气层的识别较电阻率测井具有明显优势。

我国自主研发的各种感应测井仪器在我国石油勘探中已经发挥了重要作用,但也存在诸多不足。HIL 感应测井仪是由俄罗斯研究制造的一种比较先进的感应测井仪器,与我国自主研发的同类感应测井仪器相比,它不仅性能稳定,测量的重复性好,而且探测范围大、动态范围宽,能更准确地反映地层的真电导率。与同样从国外引进的价格非常昂贵的 ECLIPS-5700、MAXIS-500 阵列感应测井仪相比,虽然整体性能没有优势,但它却拥有高性能价格比。因此,从俄罗斯引进 HIL 感应测井仪很有现实意义。

2.4　HIL 感应测井系统及常见问题

为了让这种高性价比的感应测井仪在我国的石油勘探中发挥重要作用,我国一些油田陆续从俄罗斯引进了这种感应测井仪。由于俄罗斯生产的 HIL 感应测井仪与测井地面系统之间采用曼彻斯特码通过电缆直接进行通信,而我国的井下仪器与测井地面系统之间一般需要经过井下数传短接的桥接进行通信,因此,HIL 感应测井仪与我国各油田的测井地面系统的数据传输格式不匹配。也就是说,俄罗斯生产的 HIL 感应测井仪不能直接配接在我国的测井地面系统上实现测井功能。为了解决这个问题,俄罗斯方面临时研制了实现两种协议之间相互转换的设备——AC-3 适配器。虽然在该适配器的支持下我国的测井地面系统可以配接 HIL 感应测井仪完成测井任务,但是实践证明该适配器在使用过程中存在着诸多问题,详情见 2.4.2 小节。

2.4.1　HIL 感应测井系统

1. 仪器总体构成

如图 2-8 所示,HIL 感应测井系统包括 HIL 感应测井仪和 HIL 感应测井地面系统两部分,二者通过测井电缆连接。HIL 感应测井仪上传携带地层电导率信息和自然电位(SP)信息的两类信号,其中地层电导率信号用曼彻斯特码编码，自然电位信号(SP)为模拟信号。HIL感应测井地面系统的核心为AC-3适配器，其主要功能包括曼彻斯特码信号的编解码、深度信号的处理和自然电位(SP)的采集。系统采用交流220V/50Hz供电，其中给HIL感应测井仪的供电需要通过变压器进行隔离。磁记号传感器和深度编码传感器获取深度信息，经AC-3适配器的深度系统处理后，与测井数据一起打包，通过RS-232接口送给计算机。

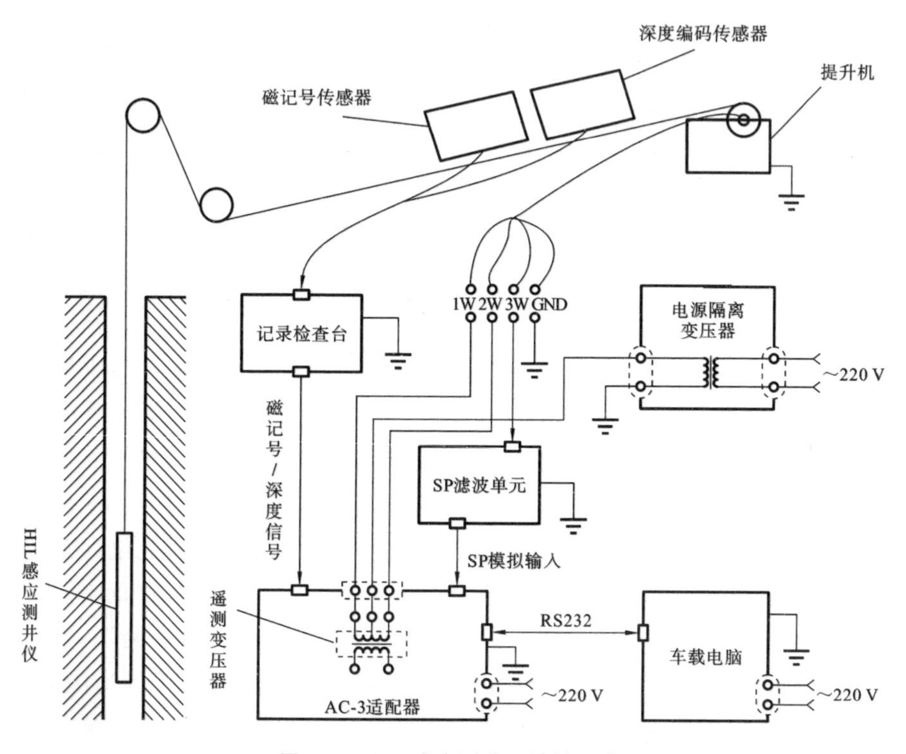

图 2-8　HIL 感应测井系统的组成

2. AC-3 适配器的工作原理

如图2-9所示，AC-3适配器是为连接HIL感应测井仪和地面计算机而设计的，功能如下。

(1) 隔离变压器采用"幻象供电"方式为HIL感应测井仪供电。

(2) 将命令传给HIL感应测井仪，并将HIL感应测井仪送来的信号进行转换送给计算机进行记录处理。与HIL感应测井仪的数据通信编码形式为ManchesterⅡ，传输速率为22 Kb/s；与计算机通过RS-232串口进行

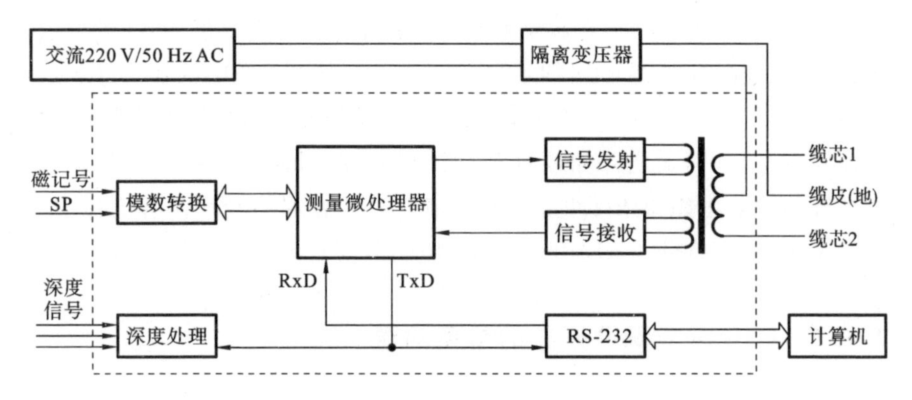

图 2-9 AC-3 适配器的工作原理

通信。

(3) 将深度信号(来自光电编码器)进行处理送给微处理器和计算机,用于驱动测量和记录系统工作。适配器采用的核心部件是AT90S8535,该单片机是美国 ATMEL 公司推出的 90 系列中功能较强的一种,为增强 RISC 内载 FLASH 的高性能 8 位单片机。设计上采用低功耗 CMOS 技术,在软件上有效支持高级语言 C 及汇编语言。采用这种微处理器,既可以充分发挥软件的功能,又能简化硬件构成,功能强大,可靠性高。

3. 地面系统软件使用介绍

地面系统软件需要使用 MS-DOS 3.30 以上操作系统,主程序工作目录在 C 盘根目录 LOG_CHIN 下,测井数据在 D 盘根目录 RAW 下。程序启动后主菜单包括以下 5 项工作内容:

(1) EQUIPMENT TEST(设备测试);

(2) LOGGING(测井);

(3) EDIT LOGGING DATA(编辑测井数据);

(4) PRIMARYLOGGING DATA PROCESSING(主测井数据处理);

(5) BASE CALIBRATION(基础刻度)。

EQUIPMENT TEST 可以完成计算机与适配器的通信测试、适配器深度系统测试,以及下井仪与适配器通信测试、下井仪工作测试。LOGGING 给井下仪器下发测井命令,并弹出测井曲线动态显示界面。EDIT LOGGING DATA 对测井得到的原始数据进行编辑,生成 LIS 格式的文件，然后才能进行测井数据修正、校深、合并、曲线校正、快速解释、出图等操作。在 PRIMARYLOGGING DATA PROCESSING 中<IKZ-2> tool data processing 一步，可以输入井径、泥浆电阻率、井眼温度等参数进行曲线校正，还可对实部曲线进行反褶积处理、对曲线进行零漂校正，以及计算地层真电阻率 R_t、冲洗带电阻率 R_{XD}、冲洗带直径与井径之比 L/D 并显示出图。BASE CALIBRATION 提供刻度所需要的操作和界面。

2.4.2 HIL 感应测井系统的常见问题

HIL 感应测井系统在引进过程中出现了以下问题。

1. 电源问题

故障现象：AC-3 适配器和隔离变压器被烧毁的情况时有发生。

按图 2-10 所示在地面配接 HIL 感应测井仪与地面系统，通电检查一切正常。然而仪器进入井下却容易烧坏 AC-3 适配器和隔离变压器。

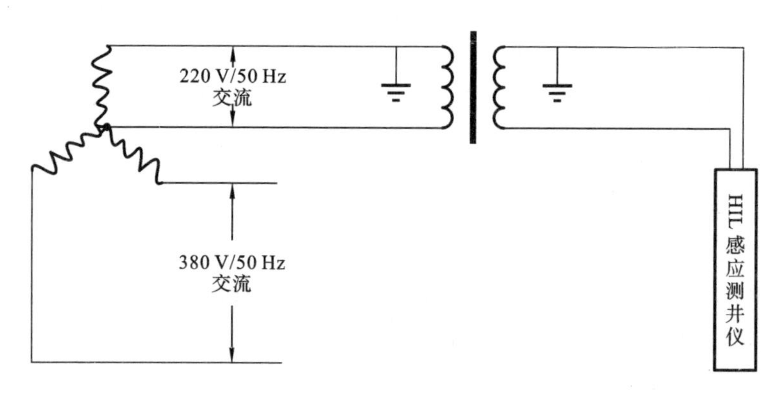

图 2-10 测井系统供电配接示意图

问题分析：HIL 感应测井仪的供电首先由地面隔离变压器二次线圈经缆芯 1、2 对电缆外皮提供 220 V/50 Hz 交流电，到 HIL 感应测井仪后，再由变压器中心抽头对地（仪器外壳）取得来自地面的交流电，并送给电源板。这样导致的问题是隔离变压器在仪器下井后无法发挥隔离的作用。究其原因，可能是俄罗斯的电网和发电机供电模式与我国的有所不同。我国目前的电网和发电机供电模式是 220 V/50 Hz 交流电，一般取自星形连接的相电压，且中心线接大地，如图 2-10 所示。当仪器在地面配接时，电缆外皮与大地的接触电阻很大或不通，隔离变压器起到了隔离作用，所以仪器配接一切正常。在仪器进入井内后，井筒内充满泥浆，使电缆外皮同大地完全接通，此时隔离变压器二次线圈与一次线圈通过大地导通，使隔离效果变差，极端情况下会烧坏地面适配器及隔离变压器。

2. 深度误差大

故障现象：测井时发现 HIL 感应测井地面系统测得的深度与提升机面板显示的深度及国产仪器的地面系统测得的深度不一致。

问题分析：HIL 感应测井仪在井内被上提或下放时，我们发现在深度检测界面，显示深度数据传输的斜线间歇跳动（跳时无深度信号），但上提下放方向信号正常，判断可能是深度计算软件存在问题。进一步对硬件做测试，连接 AC-3 适配器深度端口与脉冲发生器，将脉冲数和 AC-3 适配器送入计算机计算得到的深度值进行对比，结果实际测值总小于理论深度值，且有一定的规律性。进一步调整适配器内深度选择转换器，发现适配器识别的深度脉冲比是 100 个/m 或 1000 个/m。用同样的方法测试国产设备的深度系统得到的结果是 800 个/m 或 1280 个/m。从而证实了是软件深度计算的问题，说明 HIL 感应测井系统深度编码与国产仪器的不同。

3. 兼容性差、曲线质量差、测速低

故障现象：使用同样的仪器、面板，有的勘测作业队能配接成功，有的却无法使用；有的勉强能正常工作，但输出信号的曲线质量差。

问题分析：下井仪器的接线为三芯电缆设计，测井中，采用 1、3 两根缆芯和电缆铠连接。两根缆芯用来传输数据，通过缆芯 1、3 所接适配器和下井仪的变压器中心抽头与缆铠给仪器供电。由于适配器与下井仪器之间的数据传输率比较高，为 22 Kb/s，编码形式为 MachersterⅡ，所以对电缆和滑环的质量要求比较严格。仪器输出的信号幅度超过 20 V(p-p)，但经 7000 m 电缆衰减后只剩下不到 2 V(p-p)。电缆缆芯的绝缘、阻抗、容抗和感抗对信号的传输质量有很大的影响。由于作业队所使用的电缆规格、质量各不相同，而且在使用中电缆特性也会发生变化，使得传输的编码信号产生严重衰减和变形，造成通信丢失，产生误码。滑环质量差和测速过快是影响曲线质量的另外一个重要因素，造成的现象是曲线跳点多，无法进行正常测井。这同样是由于通信无法建立，传输信号数据丢失或错误，造成误码所引起的。虽然仪器的技术指标规定测速不超过 2000 m/h，但从实际经验来看，根据滑环质量和电缆的情况，一般测速不能超过 1500 m/h。滑环的质量主要取决于运动状态下集流环接触的好坏，不但要可靠接触，还要求接触电阻越小越好。

4. 仪器工作不稳定

故障现象：仪器经常出现掉电和通信无法建立的情况。

问题分析：地面仪器箱体多、节点多、连线多是导致故障率高的重要原因。AC-3 适配器与测井仪器车的配接线如图 2-11 所示，需要在测井现场将笔记本电脑、AC-3 适配器、隔离变压器和手动开关用专用导线临时连接起来。

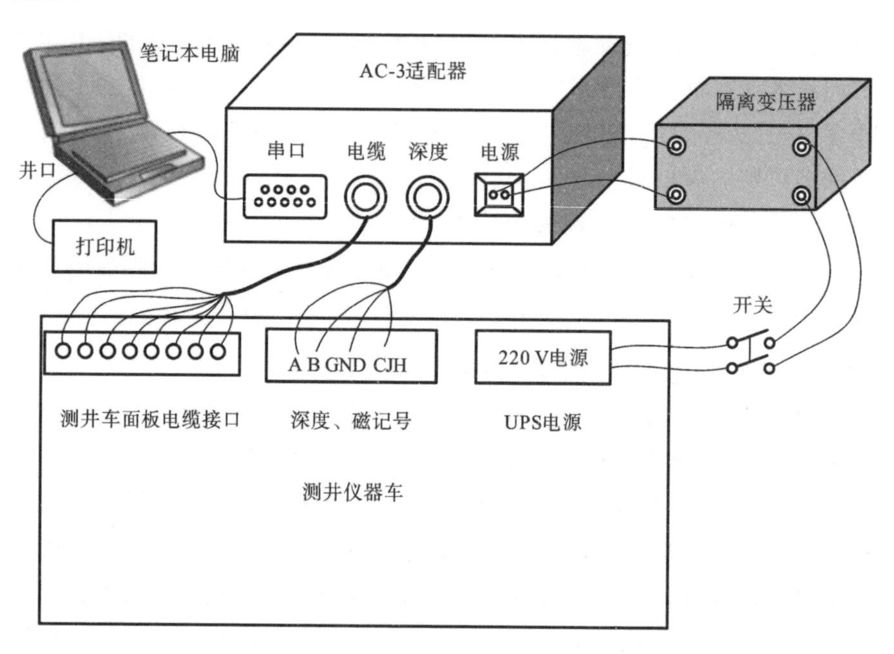

图 2-11　HIL 感应测井系统供电及配接示意图

5. 不能进行组合测井，生产效率低

HIL 感应测井仪信号接口与国产仪器不兼容，必须挂接专用的测井地面系统实施生产任务，不能与国内的其他井下仪器进行组合测井，大大影响了测井效率。

2.5 小结

HIL 感应测井仪因其测量信息丰富、探测范围大、分辨率高以及轻便灵巧的特点,特别适合我国低阻油气层的勘探。但由于俄罗斯与我国在测井仪器领域的设计理念和相关技术背景的差异,导致 HIL 感应测井仪在引进之初就碰到了许多问题。为了使 HIL 感应测井仪在油田正常地发挥作用,需要采用相应的技术手段来对 HIL 感应测井系统进行升级改造。

引进 HIL 感应测井仪的技术途径

为了及时解决 HIL 感应测井仪在我国推广应用过程中出现的问题，长江大学先后与北京北方亨泰科技发展有限公司、中国石油集团测井有限公司技术中心开展技术合作，使用测井仪器适配技术，成功地研制了与 HIL 感应测井仪相配接的 Ht-log 便携式测井地面系统和 HIL 感应测井仪井下专用短接，为 HIL 感应测井仪在我国油田顺利推广和应用做出了重要贡献。

3.1　测井仪器适配技术的概念

测井仪器适配技术是指为最大限度地发挥不同生产厂家（包括国内和国外）生产的测井仪器的作用和提高生产效率，利用先进的电子技术、通信技术、测控技术和计算机技术，解决测井仪器在信号传输和信号处理中遇到的信号格式不兼容、电气特性不匹配、效率低下，以及因硬、软件系统庞大而导致的施工、操作不便等问题的方法和手段。

如第 2 章所述，俄罗斯 HIL 感应测井系统在引进之初就遇到了因电源隔离不彻底、深度系统不匹配、电路兼容性差、地面系统硬软件系统庞大等因素而导致的仪器故障率高、测井资料质量差、效率低下和操作不便等问题，严重影响了俄罗斯 HIL 感应测井仪在我国的推广应用。下面分别介绍测井仪器适配技术在 HIL 感应测井仪中的两种应用方案。

3.2 用测井仪器适配技术解决 HIL 感应测井仪存在的问题

3.2.1 研制 Ht-log 便携式测井地面系统

运用测井仪器适配技术，将 HIL 感应测井仪地面适配器 AC-3、测井信号模拟器、电源、PC104 主板、硬盘、键盘、鼠标、液晶显示器集成到一个独立的箱体内，从而构成一个独立箱体的 Ht-log 便携式测井地面系统。该便携式地面系统可以放置在任何测井仪器车上，很方便地与 HIL 感应测井仪通过电缆配接完成测井任务。

Ht-log 便携式测井地面系统主要有如下特点。

(1) 能独立配接 HIL 感应测井仪，主要完成感应信号的处理与采集；能实现数据的处理、显示、记录和通过热敏绘图仪绘制测井曲线等工作。

(2) 由于测井信号模拟器的存在，所以地面系统可以在没有感应测井仪器和不开动提升机的情况下实现全面的自检，避免了人力和物力的浪费。

(3) 测井信号模拟器和适配器设计在一块面积仅为 $22.8\times10.7\ cm^2$ 的电路板上；计算机由 PC104 主板、硬盘、键盘、鼠标和液晶显示器组成。整个硬件系统有机地安装在体积仅为 $39\times33\times21\ cm^3$ 的手提箱里，从而实现了系统功能强、性能优、携带容易、维护方便等特点。

(4) 在信号处理方面，深度信号处理电路、磁记号信号处理电路、井下信号滤波电路等，都在 AC-3 适配器的基础上做了较大的改进，从而使得系统的适应能力明显增强，可靠性明显提高。

3.2.2 研制 HIL 感应测井仪专用短接

针对应用组合测井方式以提高测井生产效率的需求，研究人员根据测井信号的分类和不同组合方式，采用测井仪器适配技术研制出了一种井下信号格式转换短接。该短接可以很方便地使 HIL 感应测井仪与我国现有的其他下井仪器组合在 EILOG05 或者 EILOG06 地面系统的控制下实现大组合测井。

HIL 感应测井仪专用短接主要有如下特点。

(1) HIL 感应测井仪可以通过该短接挂接到 EILOG05 和 EILOG06 测井系统上。在 EILOG05 和 EILOG06 测井系统软件的支持下，EILOG05 和 EILOG06 测井系统可以方便地指挥 HIL 感应测井仪进行测井，解决了以前使用 HIL 感应测井仪测井时必须使用专用面板的技术难题。

(2) HIL 感应测井仪可以通过该短接与 EILOG05 和 EILOG06 的其他下井仪器进行高效组合测井，极大地提高了测井效率，节约了生产成本。

Ht-log 便携式测井地面系统

如本书第 2 章所述，HIL 感应测井仪是俄罗斯研制的，对于我国石油探测工作而言，称得上是一种物美价廉的感应测井仪器。引进这种测井仪器，并让它在我国能源生产中发挥重要作用很有实际意义。然而，引进 HIL 感应测井仪碰到的困难就是它与我国的各种测井地面系统之间不匹配、不兼容的问题，具体表现为：HIL 感应测井仪采用曼彻斯特码通过电缆与地面系统通信，而我国国内的下井仪器与测井地面系统之间一般需要经过井下数传短接的调制桥接后才能进行通信（即井下遥测系统），数传短接与下井仪器之间普遍采用 DTB、CAN、1553、DMT 等总线进行通信。因此，HIL 感应测井仪与我国各油田测井地面系统的数据传输格式不匹配、不兼容，不能直接配接在国内的测井地面系统上实现其功能。此外，由于国内各油田的测井地面系统自成体系，对其进行改造需要花费大量的人力物力。针对这种情况，笔者提出了一种配接 HIL 感应测井仪的 Ht-log 便携式测井地面系统解决方案。该系统的核心是能够实现曼彻斯特码编解功能的适配器，它能够直接与 HIL 感应测井仪进行通信，中间不需要经过井下数传短接的配接。在使用的过程中，只需要使用测井仪器车电缆中的三根缆芯，并连接地面的深度信号和磁记号信号，就可以极大地提高测井效率。

4.1 Ht-log 便携式测井地面系统的功能、结构和特点

4.1.1 Ht-log 便携式测井地面系统的功能

第1章已经介绍了测井现场上测井地面系统与下井仪器的配接关系，由图1-1可知，在测井仪器车的仪器机柜中有两套彼此独立且能互相备份的测井地面系统。当使用HIL感应测井仪时，Ht-log便携式测井地面系统该如何与测井仪器车配接呢？实际上，Ht-log便携式测井地面系统的外观是一个手提箱，使用时放置在测井仪器车的仪器机柜上或者其他地方即可。由于该系统体积小、重量轻，所以不占用测井仪器车空间。Ht-log便携式测井地面系统的配接方法如图4-1所示，从配接关系上看，它等同于采集箱加主机的集合体；从实际功能上看，它集成了采集箱与主机的功能。在Ht-log便携式测井地面系统工作时，完全可以关闭采集箱和主机，前者完全可以取代后者。所不同的是，采集箱与主机是为了兼容大多数下井仪器而设计的，它的功能大而全；而Ht-log便携式测井地面系统是针对HIL感应测井仪的配接而设计的，它的特点是小而精。

Ht-log便携式测井地面系统与测井仪器车的连接端口如图4-2所示，分别是：电源接口，深度、磁记号接口，电缆接口和打印机接口。该系统采用220 V/50 Hz的交流电源，整机功耗约80 W；深度、磁记号接口向该地面系统提供有关深度和磁记号的信息，深度信息由电缆绞车上的深度编码系统提供A、B深度脉冲，磁记号信息由安装在井口的磁记号传感器提供；电缆接口与综控箱电缆接口相连，通过综控箱的桥接，Ht-log便携式测井地面系统的电缆接口实际上与七芯测井电缆连接在一起，地面系统向下井仪器供电以及下井仪器向地面系统上传信号都经过该连线传输；可以将该地面系统的打印机接口与热敏打印机连接在一起，测井完毕后可以将测井曲线打印出来。

Ht-log便携式测井地面系统可以实现以下几方面的功能。

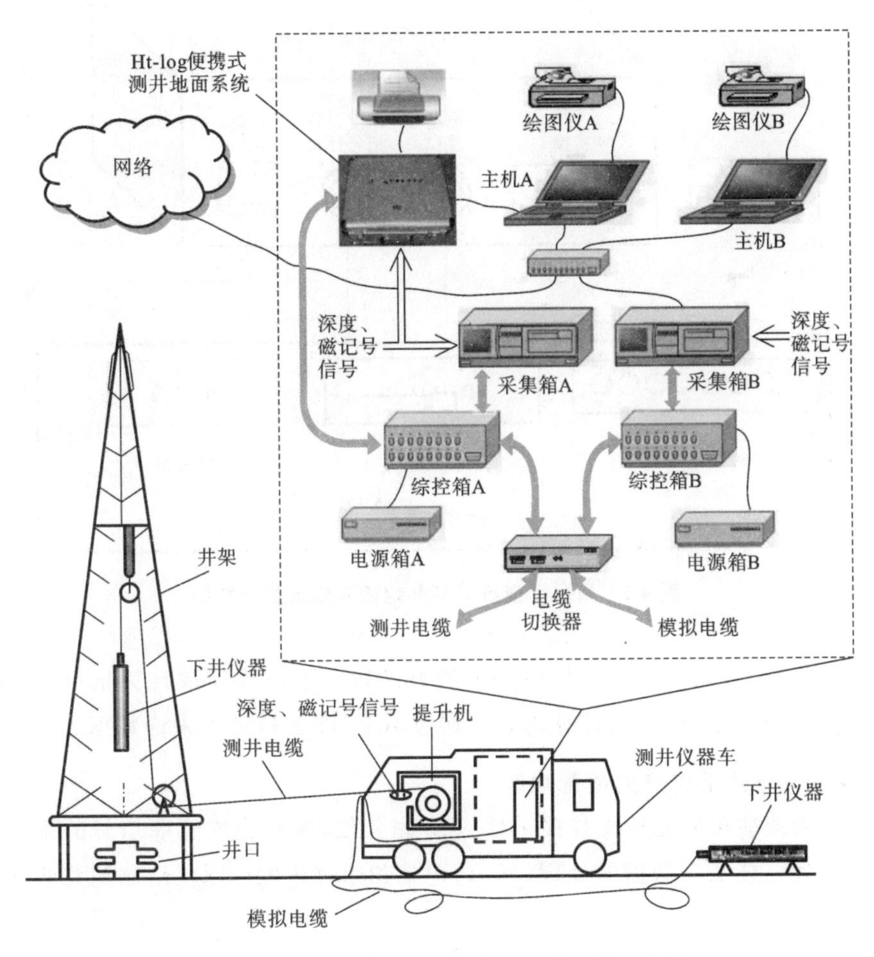

图 4-1 Ht-log 便携式测井地面系统配接示意图

1. 井下信号模拟功能

系统设置了感应测井井下信号模拟器，能够对下井仪器产生的信号进行模拟；同时模拟器还能够提供深度、磁记号模拟信号，便于地面系统在没有与下井仪器对接或未开动绞车的情况下进行全面自检，判断地面系统工作正常与否。

2. 井下信号采集功能

Ht-log 便携式测井地面系统能够完成深度、磁记号信号等信号的地

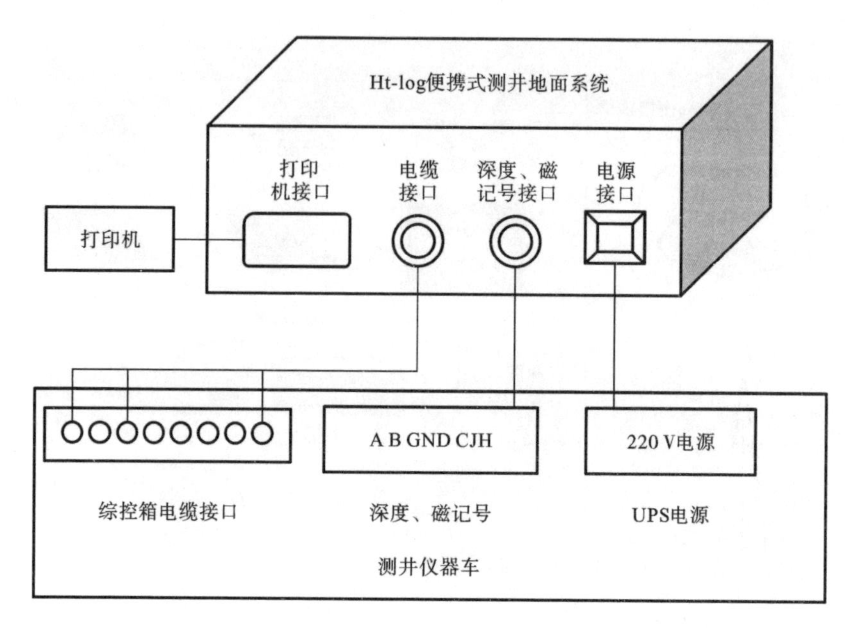

图 4-2　Ht-log 便携式测井地面系统连线示意图

面采集，通过系统中的硬件电路把所有的输入信号转换成计算机可识别的二进制数据，然后由计算机软件通过 RS-232 接口读入采样数据。

3. 与井下仪器的适配功能

系统能很好地适配挂接 HIL 感应测井仪，主要完成感应信号的采样与处理。能实现数据的处理、显示、记录和通过热敏绘图仪绘制测井曲线等工作。

4.1.2　Ht-log 便携式测井地面系统的结构

Ht-log 便携式测井地面系统的外观是一个手提箱，箱体的尺寸为 39 cm×33 cm×21 cm，质量为 12 kg，如图 4-3 所示。外部结构简洁美观，电气接口简单明了。系统接口共有四类，分别是电源接口、电缆接口、深度信号与磁记号接口（二者共用一个接口，以下简称深度磁记号接口）和打印机接口。其中电缆接口、深度磁记号接口采用航空插件，与测井仪器车系统配接方便可靠。

打开后的 Ht-log 便携式测井地面系统如图 4-4(a)所示。系统在机

图4-3 Ht-log便携式测井地面系统外观

械结构上采用展开式：使用时打开箱体，正前方为显示屏，下方为键盘、操作面板。电路位于键盘、操作面板的下方，既节省了空间又对电路部分起到了保护作用；不使用时，可将箱体合起，在搬运时不会对其内部器件造成损坏。这样的设计使整个地面系统结构更紧凑，实现了系统的微型化和一体化，具有携带方便、体积小、重量轻的特点。系统将适配器、信号模拟器、电源模块、计算机（包括PC104主板、键盘、鼠标、液晶显示器）、操作面板等放置在一个便携式铝合金箱体内，实现了地面系统的一体化，其内部结构布局如图4-4(b)所示。

4.1.3 Ht-log便携式测井地面系统的特点

Ht-log便携式测井地面系统采用了先进的电子技术和计算机控制技术，具有以下几方面的特点。

1. 硬件方面

在信号处理方面，深度处理电路、磁记号处理电路、井下信号滤波电路等都做了改进，使硬件的适应能力更强；在器件选择上，Ht-log便携式测井地面系统采用了新的高速单片机和大量贴片式电子元器件，用国内市场上容易采购的优质器件代替俄罗斯生产的器件，保证系统有充足的器件货源；在功能上，设计了多个信号模拟器，在没有井下仪器和不开动提升机的情况下，系统能进行全面的自检。另外，设计者整理一套完整的

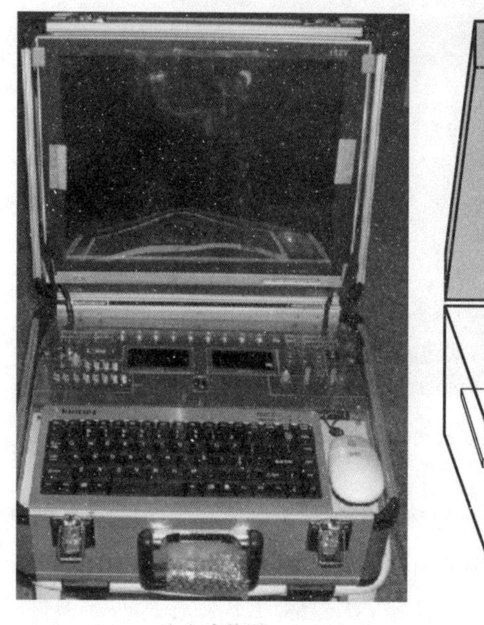

(a) 实物图

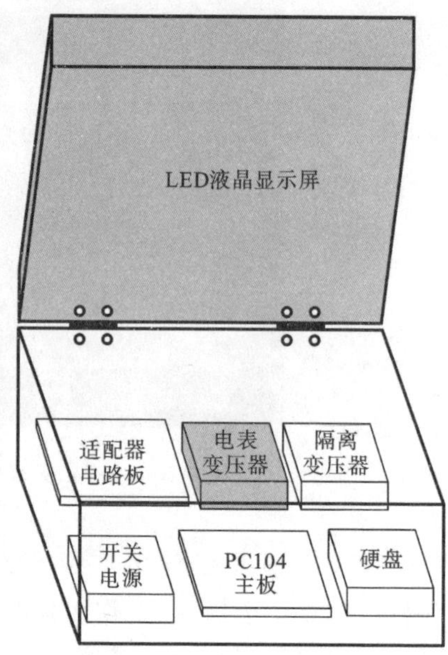

(b) 布局示意图

图 4-4　Ht-log 便携式测井地面系统的内部结构图

维修手册，解决了原 AC-3 适配器维修不方便的问题。

2. 软件方面

Ht-log 便携式测井地面系统的软件系统采用了流行的面向对象和模块化的设计思想，并且采用了分层设计的原则。面向对象的设计思想带来的好处是显而易见的。由于测井仪器在系统中被抽象为一个对象，对它的所有操作都被封装在一个动态链接库中，只要规定接口规范，就可以比较方便地把新型的测井仪器挂接到系统中。按照分层设计的原则，在设计时将整个系统按由内到外的顺序划分成多个层次，这样就可做到下层的改动不会影响上层的功能，尽可能地减少整个系统维护的工作量。

3. 机械结构方面

Ht-log 便携式测井地面系统的外形尺寸为 39 cm×33 cm×21 cm，质量为 12 kg。将适配器、信号模拟器、电源模块、计算机(包括 PC104 主板、键盘、鼠标、液晶显示器)、操作面板等放置在一个便携式铝合金箱体内，实现了地面系统的一体化，具有携带方便、体积小、重量轻的特点。

综上所述，Ht-log便携式测井地面系统是一套测井功能强、曲线质量高、可靠性高、体积小、重量轻、操作简便、携带方便、适合国内产业化要求的测井地面系统。

4.2 Ht-log便携式测井地面系统的硬件设计

4.2.1 Ht-log便携式测井地面系统的操作面板

如图4-5(a)所示，Ht-log便携式测井地面系统的操作面板由七大部分构成，分别是：① 状态指示灯；② 模拟器控制部分；③ 电压电流指示部分；④ 井下供电开关；⑤ 感应测井控制部分；⑥ 电源总开关；⑦ 关键信号测试点。测井过程中，除了可以根据测井曲线判断地面系统及井下仪器的工作状况，还可以根据测井状态指示灯来监测仪器状态。

打开地面系统电源后，+5 V、+12 V、−12 V电源指示灯亮，表明地面系统电源工作正常；井下仪器、地面系统的数据解码及通信模块正常工作时，指示灯“命令”“回答”有规律闪烁；地面系统中深度模块工作正常时，“深度脉冲”指示灯闪烁；井下仪器提升或下放状态改变时，深度方向指示灯随状态的改变点亮或熄灭；除此以外，计算机在进行读写硬盘时，硬盘灯也会不停闪烁。状态指示灯具体布局如图4-5(b)所示。

在操作面板的左边是模拟器控制部分，如图4-5(b)所示，它集成了深度信号模拟器、磁记号信号模拟器、感应测井信号模拟器。该面板的按钮用于控制模拟器的状态。比如，磁记号模拟按钮每按下一次，产生一个磁记号脉冲信号。与磁记号模拟按钮平行的一排四个开关是深度状态调节开关，可以控制深度模拟器产生速度和方向可变的深度信号。在深度控制开关的下面，有一排8个状态控制开关，可以控制感应测井模拟器产生的八种信号，分别代表四个线圈系的实部、虚部信号，也可以单独给出某一个线圈系的信号。

在操作面板的中间是电压电流指示部分，分别用电压表和电流表来显示下井电压值和下井电流值。操作面板的右边是感应测井控制部分和关

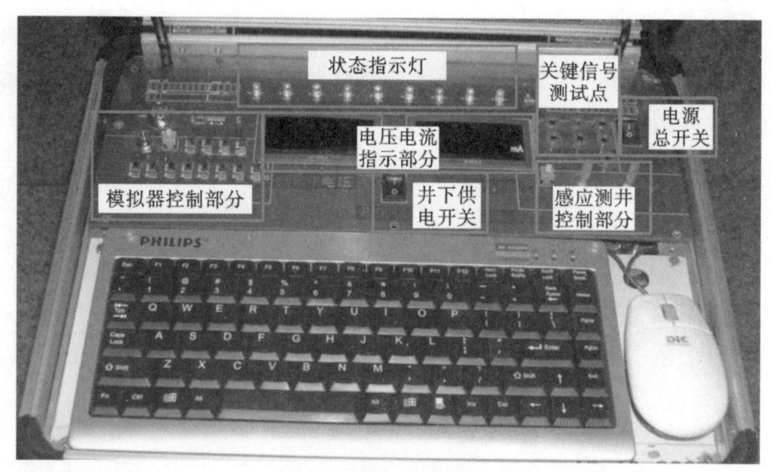

（a）操作面板示意图

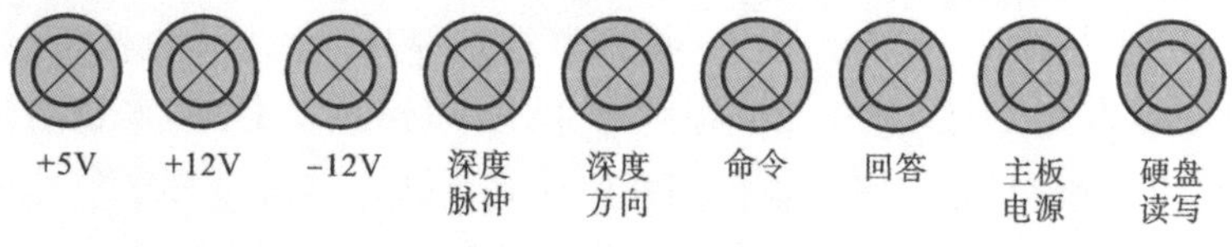

（b）状态指示灯示意图

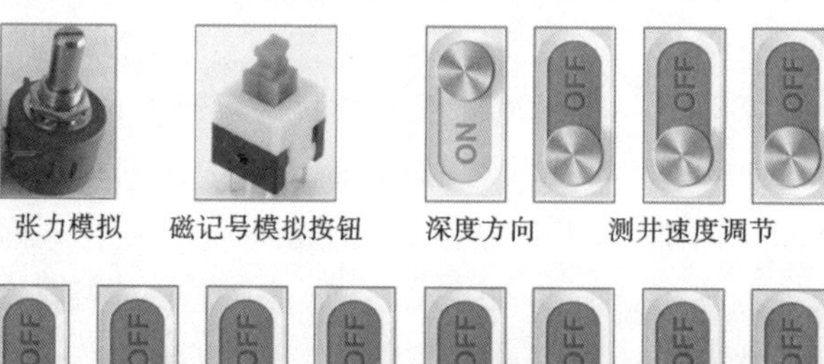

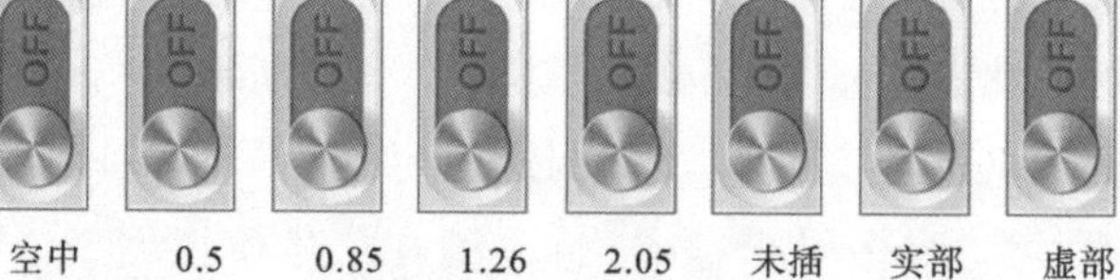

（c）模拟器控制部分示意图

（d）感应测井控制部分示意图　　（e）关键信号测试点示意图

图 4-5　Ht-log 便携式测井地面系统

键信号测试点。其中,感应测井控制部分由一个双刀双掷开关和两个电位器组成,如图 4-5(d)所示。当深度光电编码器的 A、B 信号接反时,只需按一下双刀双掷开关,深度信号即可完成一次换向操作。在深度换向开关的右边,有两个电位器旋钮,分别是磁记号幅度控制旋钮和曼彻斯特码幅度控制旋钮:当电缆长度或电缆参数变化很大导致井下仪器的信号不能被有效接收,可以在地面通过曼彻斯特码幅度调节旋钮调节信号的幅度;在测井过程中,如发现磁记号幅度不合适,即可通过磁记号幅度调节旋钮调节到合适的大小。

关键信号测试点布局如图 4-5(e)所示,这些测试点与适配器电路板相连。当适配器工作不正常时,通过示波器观察关键测试点的波形即可迅速判断故障。除此以外,在操作面板上还有两个开关,分别位于面板的正中间和右边。位于操作面板右边的开关是整个地面系统电源总开关,当该开关导通时,计算机和内部适配器开始工作,但整个地面系统没有向井下仪器供电。将地面系统与井下仪器连接好以后,打开位于操作面板中间的"井下供电"开关,此时适配器开始对井下仪器供电。测井开始时,要按照先开"总电源"开关,后开"井下供电"开关的顺序进行操作,测井结束时,顺序相反,要按照先关闭"井下供电"开关,后关闭"总电源"开关的顺序进行操作。

4.2.2 Ht-log 便携式测井地面系统的组成与基本工作原理

Ht-log 便携式测井地面系统的硬件结构如图 4-6 所示,适配器是系统的核心,在系统中起着桥梁的作用,它不仅负责采集来自地面和井下的信号,并将采集到的数据通过串行接口传递给计算机,而且能够将计算机的控制命令转发至下井仪器。计算机主要用于测井信号的记录和控制信号的产生,一方面,它可以通过串行接口接收适配器传来的测井数据,完成数据的处理、显示、记录和通过热敏绘图仪绘制测井曲线等工作;另一方面,测井操作人员可以通过操作计算机上的应用程序,将测井控制命令通过串行接口发送给适配器板卡,然后下井仪器执行对应的操作。

外部硬件连接方面,Ht-log 便携式测井地面系统与测井仪器车之间有三条连线:一条是传输下井仪器信号的下井电缆,用于向地面系统输送测井信息;一条是深度、磁记号电缆,用于记录下井仪器的深度位置和状态;还有一条是与热敏打印机通信的连接线。

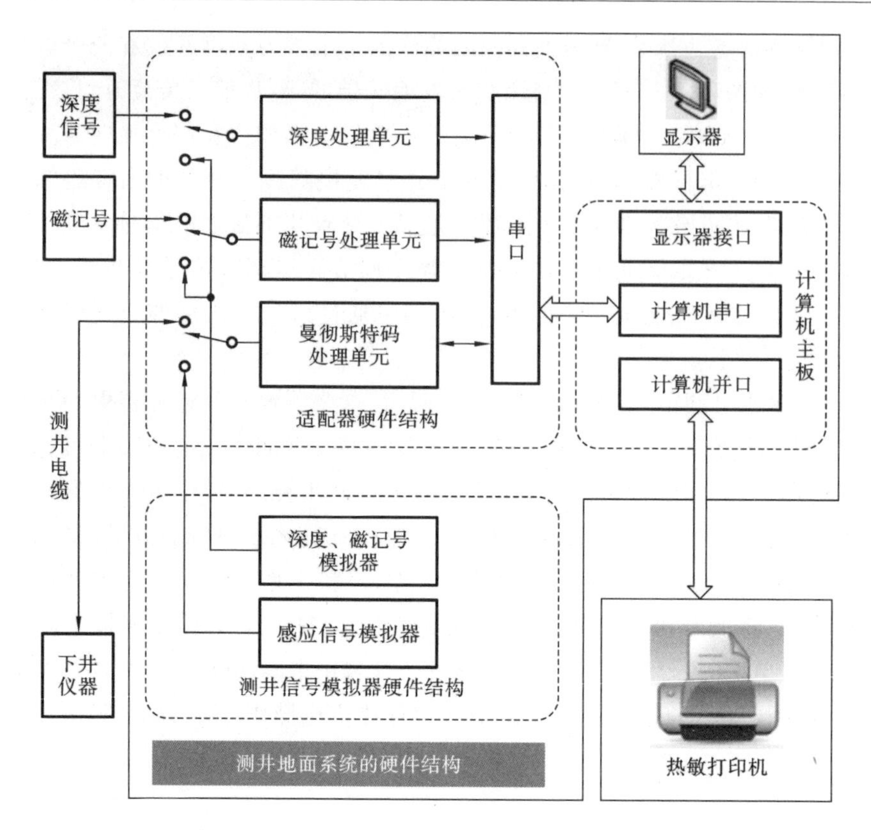

图 4-6 Ht-log 便携式测井地面系统的硬件结构

4.2.3 测井深度检测模块的工作原理

1. 测井深度信号简介

测井过程中，我们时刻关注并记录着下井仪器的深度信号，该指标反映了仪器的深度状态，在实际测井中是非常重要的指标。测井深度检测模块对任何测井都是必需且相对独立的。如果深度测量不准，可能会导致测井资料的作废，甚至可能引起生产事故。因此，它在测井过程中发挥着相当重要的作用。

在实际测井过程中，测井电缆紧贴深度测量轮，当仪器在井中垂直运动时，测井电缆通过滑动摩擦驱动深度测量轮轴心的光学编码器转动，使其产生深度信号(A、B 脉冲信号)，信号波形如图 4-7 所示，A、B 脉冲彼此

正交，在波形上显示相差 1/4 个周期。

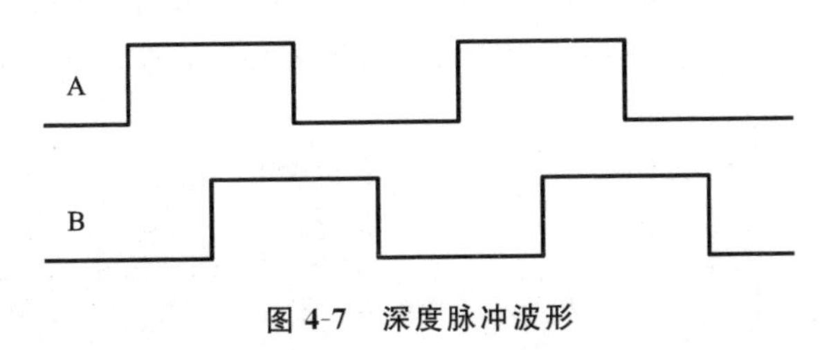

图 4-7 深度脉冲波形

2. 深度信号的放大整形

深度脉冲信号经过测井仪器车内部长距离的传输后，波形通常会发生畸变，这样的信号不便于处理，如果不整形会发生脉冲丢失或增加，将严重影响深度信号测量的准确性。基于上述原因，研究人员设计了如图 4-8 所示的深度信号整形滤波电路。该电路为一同相放大电路，可以将输入信号放大到接近饱和的状态，在此基础上，通过后级的稳压管将深度信号调整到 5 V。通过上述放大整形，可以消除深度信号在传输过程中产生的畸变，从而保证了整个深度测量的可靠性。

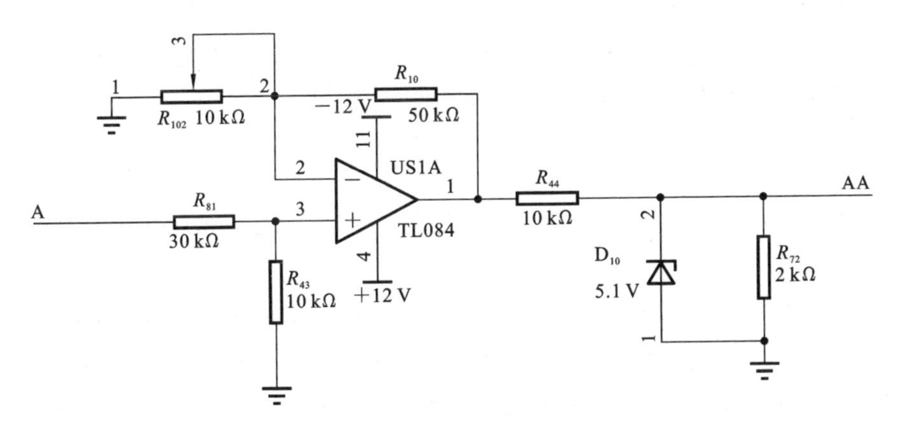

图 4-8 深度信号整形滤波电路

3. 深度信号的数字化处理

深度信号的数字化处理单元，是在脉冲信号整形电路的基础上，由方向检测电路、深度与速度检测电路、计算机接口电路三部分组成。深度信号的数字化处理框图如图 4-9 所示。方向检测电路通过鉴别 A、B 脉冲的相位获得测井仪器运动的方向信息。DIR 电平表示了下井仪器运动的方向：当 B 脉冲超前 A 脉冲 1/4 周期时，DIR 输出高电平，表示仪器上提；反之，当 A 脉冲超前 B 脉冲 1/4 周期时，DIR 输出低电平，表示仪器下放。

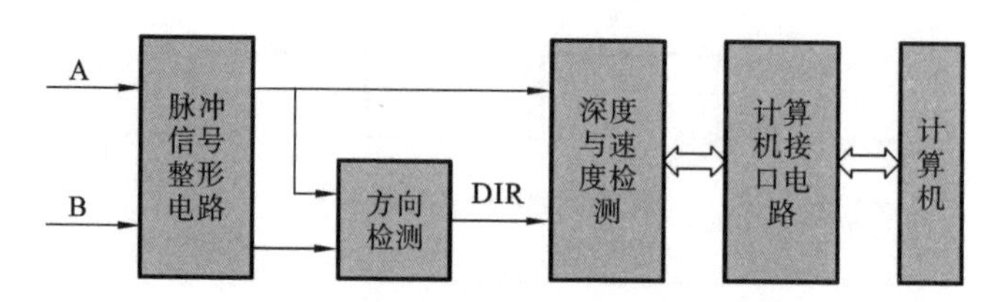

图 4-9　深度信号的数字化处理框图

深度与速度检测逻辑计数部分主要由 C8051F020 高速单片机完成，该单片机记录了脉冲信号整形电路单元输出的脉冲数，通过软件的计数值算出深度 H 为

$$H = \frac{N_{op}}{m} \tag{4-1}$$

式中：N_{op} 为光学编码器脉冲处理单元输出的脉冲数；m 为光学编码器输出脉冲数(单位为英尺)。

电缆运行的速度也是由单片机计算得到的，单片机软件定时地从内部计数器中读取计数值，根据公式求出速度 V 为

$$V = \frac{\Delta N_{op}}{m \cdot T} \tag{4-2}$$

式中：ΔN_{op} 为在时间 T 内光学编码器脉冲处理单元输出的脉冲数；T 为单片机定时的时间。

深度信号采集模块不但要准确地检测深度、方向和速度信息，还要为系统提供深度中断信号，通知系统采样测井数据。实际上，光学编码器和磁记号都反映深度信息，但是光学编码器测量精度比磁记号要高，实际测井中往往将两者组合对比。深度信号处理流程图如图 4-10 所示。

4.2.4　数据传输模块的工作原理

数据传输模块主要用来实现 Ht-log 便携式测井地面系统与井下 HIL 感应测井仪之间的数据通信。其通信编码方式为曼彻斯特码。

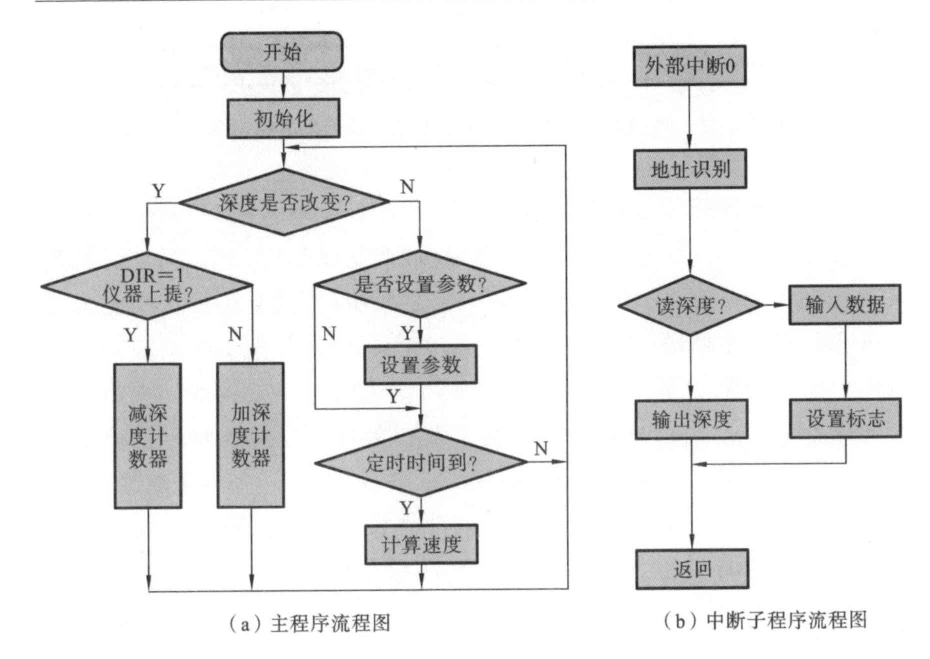

(a) 主程序流程图　　(b) 中断子程序流程图

图 4-10　深度信号处理流程图

1. 曼彻斯特编码的特点与格式

曼彻斯特编码采用双向码格式的技术协议。在电缆上的传输呈双极性脉冲方式，正负脉冲对称地分布，因而脉冲信号不存在直流分量，使电缆上分布电容产生的影响几乎很小，从而提高电缆传输效果。曼彻斯特编码的逻辑 **1** 定义为周期内由高电平向低电平的转变；逻辑 **0** 定义为由低电平向高电平的转变。一帧曼彻斯特编码的格式由同步位、仪器数据位和奇校验位组成。

每帧信息码由同步、数据和校验位三部分组成。同步有两种类型：低电平在先、高电平在后是数据同步；高电平在先、低电平在后是命令同步。高低电平的宽度均为 1.5 位，因此，同步的宽度为 3 位。数据位共有 16 位，高位在前，低位在后。数据 **1** 用由高到低的跳变表示，数据 **0** 用由低到高的跳变表示。每帧的最后一位为校验位，曼彻斯特编码采用奇校验位，其数据帧格式如图 4-11 所示。

2. HIL 感应测井仪信号编解码方法分析

要对曼彻斯特码进行编解码，必须了解曼彻斯特码的时序特征，HIL

同步（3位）	B15……B0（16个数据位）	奇校验位

图 4-11 地面测井系统与下井仪器之间通信的数据帧格式

感应测井仪所使用的曼彻斯特码的波特率为 22 Kb/s。按照每组曼彻斯特码是 20 位、22 Kb/s 的波特率计算，每位的宽度为 45.45 μs，20 位数据共占 909.1 μs。在 20 位数据中，前 3 位是同步码，同步码的类型有命令同步和数据同步两种，共占 136.35 μs。在前 3 位的中间即 68.18 μs 处有一个电平变化，下降沿表示命令同步，上升沿表示数据同步。同步码后面紧跟着 16 位从高位到低位的数据和数据的校验位。在每一位数据位或校验位所占的 45.45 μs 的中间，即 22.73 μs 处同样有一个电平变化，下降沿表示数据位或校验位为"**1**"，上升沿表示数据位或校验位为"**0**"。通信采用的是奇校验方式，即 16 位数据和 1 位校验位中"**1**"的个数为奇数。

对于解码而言，关键问题是识别同步，因为只有在识别了同步之后，才能确定数据接收的起始位置，从而正确接收数据。根据曼彻斯特编码格式，同步识别可以通过检测单极性码高、低电平的宽度来实现。曼彻斯特码信号经过差分后，线路上将存在三个电平，空闲时的 **0** 电平和发送数据时的正、负电平。HIL 感应测井仪信号处理电路把空闲时的 **0** 电平变为正电平，把负电平变为 **0** 电平，由此把双极性信号变为单极性信号，便于单片机检测同步。电缆上传输的差分曼彻斯特码和经过处理后的曼彻斯特码波形如图 4-12 所示。

4.2.5 曼彻斯特编解码电路

针对曼彻斯特码数据特点，下井仪器的信号通过电缆上传后，感应测井信号处理电路经过信号变压器接收上传的双极性曼彻斯特编码格式数据信号，在电路中经滤波、放大、整形后，变换为逻辑电平的单极性曼彻斯特编码信号送往单片机接收和解码。如图 4-13 所示，曼彻斯特编解码电路主要由曼彻斯特传输接口、编码电路、解码电路和单片机 4 个模块组成。其中，曼彻斯特传输接口实际上是一个变压器耦合电路，可将地面命令信号发送到电缆上去，并且将下井仪器上传的信号传给

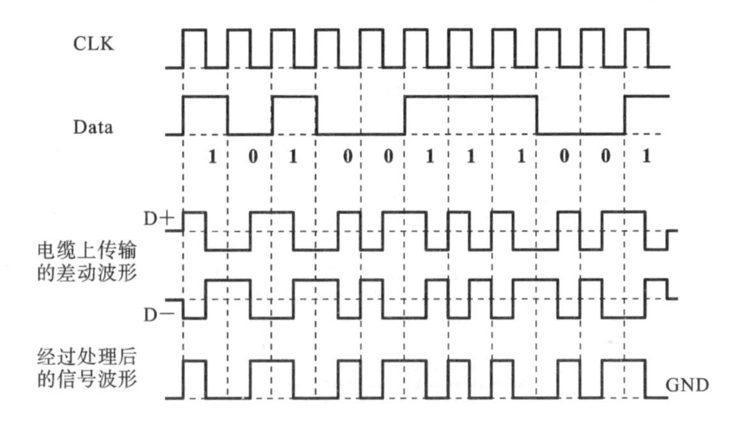

图 4-12 曼彻斯特码在电缆上传输的差动波形和处理后波形的对照图

解码电路;编码电路负责将下发命令转换成符合曼彻斯特格式的信号传给曼彻斯特传输接口;解码电路将曼彻斯特传输接口传过来的信号解码并传给单片机。

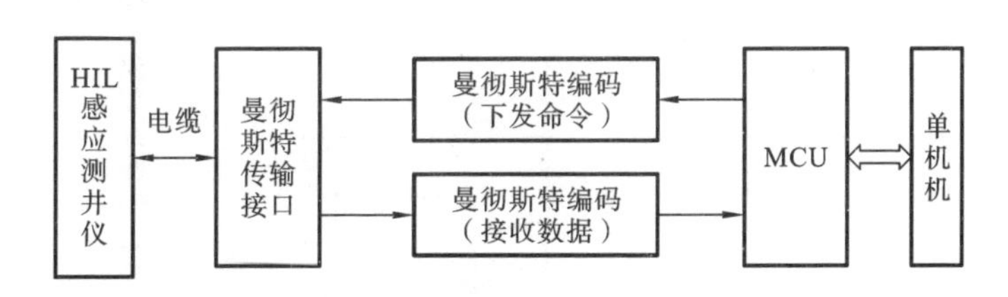

图 4-13 曼彻斯特编解码电路结构框图

曼彻斯特编码电路如图 4-14 所示,单片机 C8051F020 的 45 和 46 脚分别与该电路的两个非门 U2A、U2B 连接,用于曼彻斯特编码向下井仪器发送命令。该命令信号再经过一个或非门输出。或非门的另一个输入端与单片机复位信号连接在一起。之所以将复位信号也引入该电路,是因为电路在单片机上电、复位期间有可能向井下发送错误的命令,采取该措施可避免上电时发送错误的命令。一对三极管组成命令驱动电路,单片机发送的命令经过两个三极管差动输出,将编码信号传输到变压器;变压器中心抽头 TR_7 与地面的供电隔离变压器相连,可以获取隔离过的 220 V 交流电,变压器抽头 TR_6 和 TR_8 通过提升机电缆与下井仪器连接,向下井仪器提供 220 V 电源;下井仪器上传的数据经过电缆连接到 TR_6、TR_8 上,该信号再经过变压器耦合在线圈 TR_4、TR_5 上,后级电路完成对井下数据的采集。

曼彻斯特解码电路如图 4-15 所示,主要由四级电路组成,分别是:两级

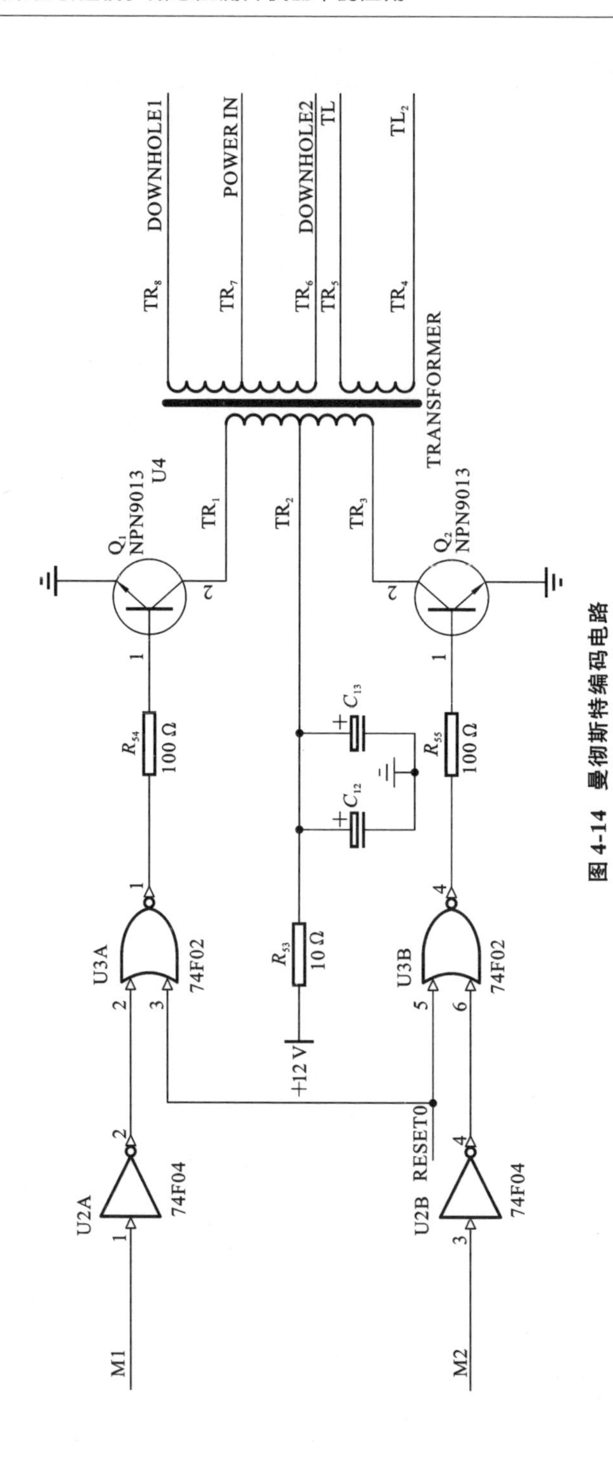

图 4-14 曼彻斯特编码电路

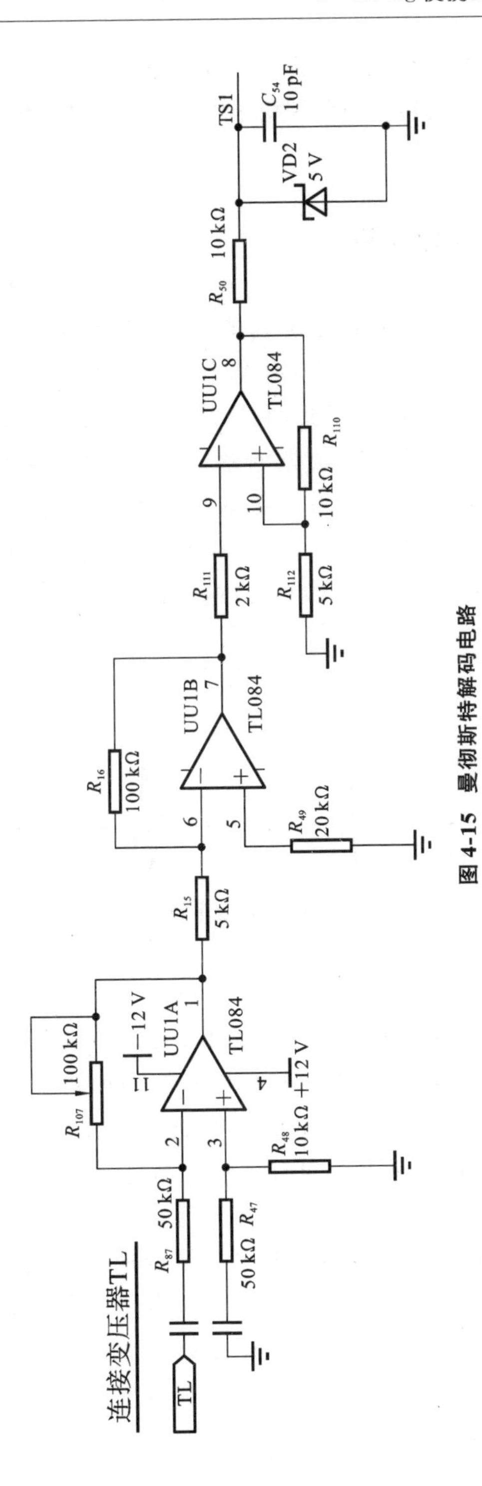

图 4-15 曼彻斯特解码电路

反向放大电路、滞回比较电路和稳压限幅电路。其中滞回比较电路可以有效地抑制信号干扰，由限流电阻和稳压管组成的限幅电路可将幅度为 12 V 的信号稳压成 5 V 输出。

4.2.6 磁记号处理电路

电缆深度记录是测井数据准确的保障，对测井安全和测井解释起着重要的作用。测井的过程中，电缆会因为下井仪器的重力和井筒阻力的作用而产生拉伸现象，因此，利用深度编码脉冲方法记录的深度数据会存在一定误差。为了解决该问题，人们采用记录磁记号的方法来矫正深度数据。磁记号是利用注磁器在电缆上每隔 25 m 注入的一种磁标信号。电缆移动的过程中，在井口利用磁记号传感器检测到该信号，并传输至测井仪器车信号处理终端。磁记号的信号特征曲线如图 4-16 所示。

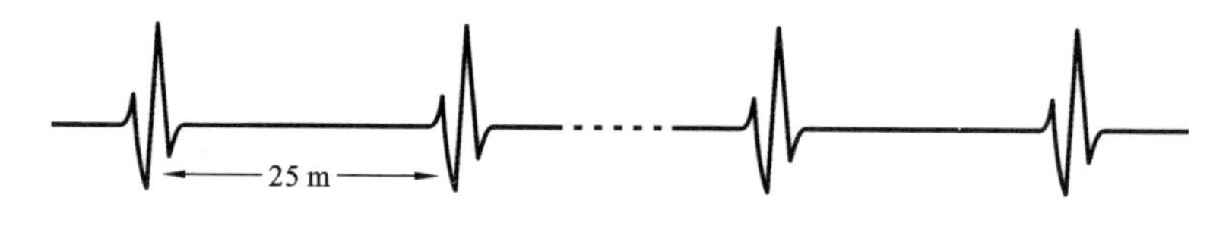

图 4-16 磁记号信号特征曲线

由于俄罗斯采用的磁记号信号是脉冲信号，而我国采用的磁记号信号是模拟量，Ht-log 便携式测井地面系统中的适配器沿袭了俄罗斯生产的 AC-3 适配器的总体设计方案，因此在测井时并不能直接记录磁记号信号。尽管 AC-3 适配器没有磁记号测量通道，但它设计有自然电位测量通道，因此，我们将要记录的磁记号信号输入到自然电位测量通道即可解决问题。这样设计既做到了尽量少地改变原设计中的适配器软件和上位机测井软件，又保证了系统的稳定性。考虑到磁记号与自然电位信号频率特征的差异，对原有自然电位信号处理电路进行了改进，改进之后的磁记号处理电路如图 4-17 所示。电路由两级带有低通滤波功能的电路组成，截止频率约为 1 kHz。

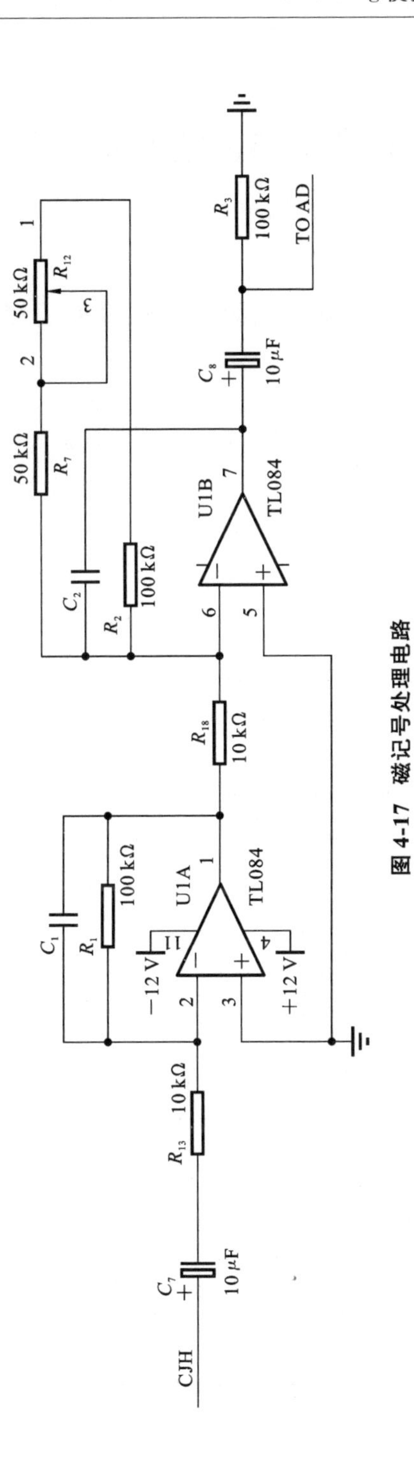

图 4-17 磁记号处理电路

4.3 Ht-log 便携式测井地面系统的软件

4.3.1 Ht-log 便携式测井地面系统软件的逻辑结构

Ht-log 便携式测井地面系统的软件系统采用了目前流行的面向对象和模块化的设计思想，同时采用了分层设计的原则。面向对象的设计思想带来的好处是显而易见的。由于测井仪器在系统中被抽象为一个对象，对它的所有操作都被封装在一个动态链接库中，只要规定接口规范，可以把新型的测井仪器比较方便地挂接到系统中。

图 4-18 所示的是 Ht-log 便携式测井地面系统的软件组成逻辑结构

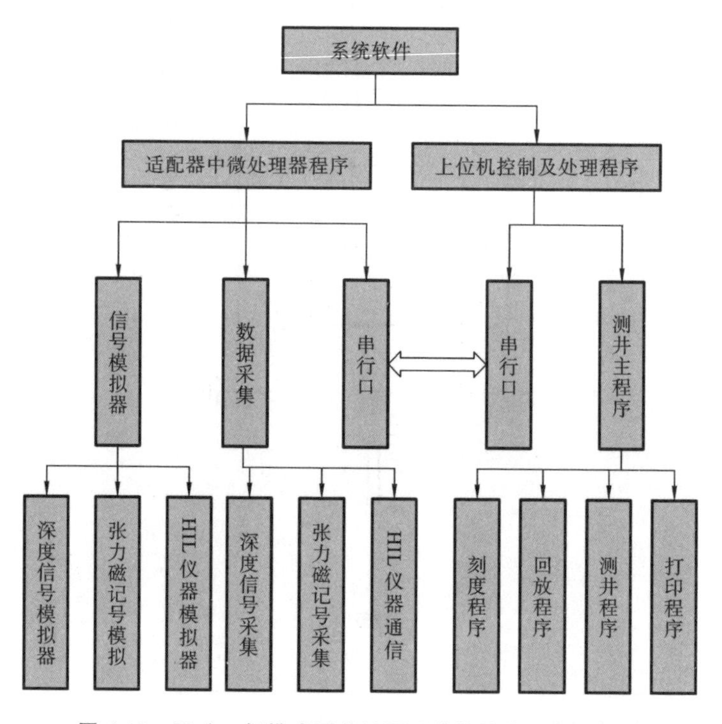

图 4-18　Ht-log 便携式测井地面系统软件的逻辑结构图

图，按照分层设计的原则，在设计时将整个系统按由内到外的顺序划分成多个层次，这样就可做到下层的改动不会影响上层的功能，尽可能地减少整个系统维护的工作量。

在层次结构上，系统被分为测井内核、应用接口、操作系统内核三级。

（1）测井内核：包括各种数据对象、测井数据处理方法、图头格式、仪器对象等。

（2）应用接口：开发工具提供的高层系统调用接口，包括文件、网络、窗口、记录设备、显示设备、绘图设备、内存管理、线程调度、异常处理、帮助系统，等等。

（3）操作系统内核：是上述内容的实现部分，它还包括各种软件和硬件设备的底层接口，如设备驱动程序、数据库引擎等。

系统分层以后，各层次内部的修改不会影响整个系统其他层次的部件，这就提高了系统的易用性和易扩展性。

4.3.2 Ht-log 便携式测井地面系统软件的操作方法

1. 进入软件操作界面

（1）启动后计算机自动进入 DOS 操作系统。

（2）进入测井软件：

① 输入命令 CD LOG_CHIN，回车；

② 输入命令 START，回车，系统进入图 4-19 所示的维修及测井主界面。

2. 系统自检

（1）适配器自检(equipment test)。

① 按 F6，确定“depth sensor impulses per meter”项为“1280”。

② 按 F9，选“START ADAPTER POLLING”，两次回车，出现带斜线的图版，若图版右下角显示“OK”，且斜线不中断，则表明适配器深度系统工作正常。

③ 按 F9，选“START DEPTH SENSOR POLLING”，两次回车，若图版上方“RECEIVED DATA NUMBER”项显示为“256 4”，且“adapter depth”项的值与“calculated depth”项的值相等，表明深度信号采集、计算正

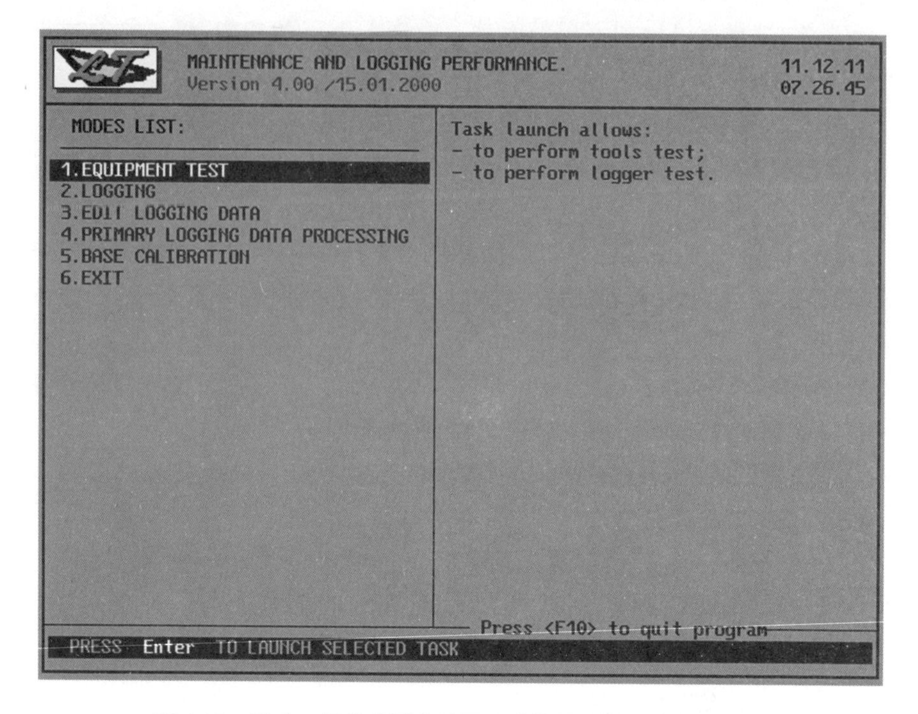

图 4-19 Ht-log **便携式测井地面系统软件的维修测井主界面**

确。如两个深度不同，应停止提升机，按 F9，选“ENTER INITIAL DEPTH”并输入深度(单位为 cm)。

④ 按 CTRL+F10 退出。

(2) 下井仪器检查(IKZ-2 tool test)。

① 按 F9，选“START POLLING—TRANSMIT DATA”，如右侧 8 组数据值稳定(一般仅后三位数变化)，右下角有“OK”显示，则仪器正常。

② 按 F9，选“transmit the link test”项，若右下方显示信息码：“COAA 3F55 F731 8000 8000 0000 FFFF 08CE”且“TEST”下显示“OK”，则表明仪器、通信完全正常。

③ 按 CTRL+F10 退出。

(3) 磁记号检查(<sp> adapter channel test)。

① 按 F9，选“START THE <SP> CHANNEL POLLING”。

② 按 CTRL+F10 退出。

③ EXIT TO MAIN MENU。

3. 测井(logging)

(1) SELECT/DEFINE LOGGING OBJECT。

按TAB键，输入“FIELD”名称，两次回车；再输入“HOLE”名称，回车。

(2) INPUT THE WELL DATA。

按显示屏下边的提示输入测井信息，按“CTRL＋ENTER”保存，按F10退出。

(3) DEFINE THE LOGGING DEVICE。

① 选第一项：“1、DIGITAL TOOLS AND DEVICES”。

② 选“1、TOOL：＝＞IKZ-2＋SP/220V”项。

③ 在“ADPS”后输入适配器号。

④ 在“IKZO”后输入仪器号，回车。

⑤ 在“IKZO EQUAL CONDUCTIVITY”后输入值：7。两次回车后再回到主页面。

(4) TUNE THE LOGGING DEVICE。

一般情况下，如果第(3)步无误，此步可不做或连续回车并按CTRL＋F10退出。

(5) PERFORM LOGGING。

下井时：选“RUN LOGGING CONTRL”，并输入当前深度，两次回车。

到起测点(上测或下测)时：

① 选“MAIN LOG”项，并输入当前深度(应短暂停止提升机)，回车。

② 在“INTERVAL LENGTH”后输入预计的测量段长(应大于实际要测量的长度)，回车。

③ 按F4，选“START SP CHANNEL POLLING”，回车。按F4，选“START POLLING ＜IKZO＞TOOL”，回车。

④ 按“TAB”键存盘(存盘中，SP道右边界显示红色道)。测井中，如右下角显示“OK”则正常。

⑤ 按“SHIFT + TAB”结束存盘，按“CTRL+F10”并连续回车结束测井。

4. 编辑测井数据(EDIT LOGGING DATA)

(1) 用回车键选中所要处理的文件。

(2) 选“EDIT LOGGING FILE”项。将“INTERFRAME STEP”的值改为 0.1，按“CTRL+ENTER”两次，回车。

5. 打印输出(PRIMARY LOGGING DATA PROCESSING)

(1) 直接选第 3 项“<IKZ-2>TOOL DATA PROCESSING”(测井数据处理)，连续回车。在主曲线页面，按 F2 后，可选第 6 项视图。按 F9，选第二项“RESISTIVITY CURVES INVERTED FILTRATION”回车。按 F10 退出。

(2) 第 6 项“HARDCOPY OUTPUT”项，选中所要输出图件的数据文件名(文件名与记录名称一致，但以 LIS 为扩展名)，回车。

(3) 按 F2，选第 6 种显示方式：“IKZ-2 RESISTIVITY (ALL SONDES)”。按 F3 进行曲线格式的选择：按 F3 后，用回车键选择曲线名，再在后面的列表中选择要改动的项目(如线型：LINE TYPE)，按 TAB 键弹出一系列选项，用回车键确定要选的项目后，用 ESC 键推出。

(4) 按 F6，在“OUTPUT DEVICE SELECT”下拉菜单中选第 14 项。用键盘键移至“OUTPUT”项，不带图头(如重复曲线)，则选“MAIN LOG”(主曲线)回车。

4.4 部分测井资料

使用 HIL 感应测井仪，通过 Ht-log 便携式测井地面系统测得的测井资料如图 4-20～图 4-24 所示。

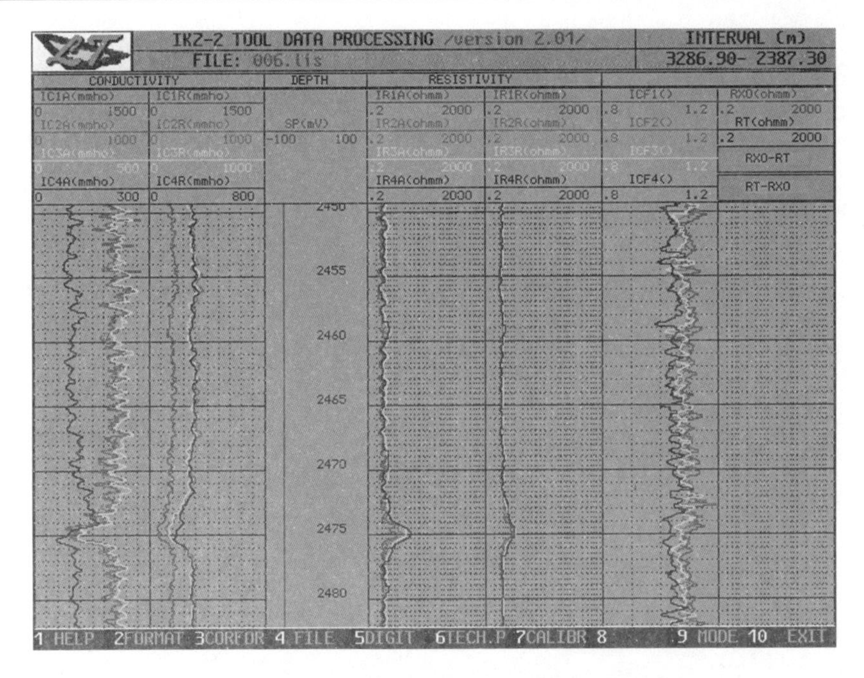

图 4-20 Ht-log 便携式测井地面系统取得的测井资料 1

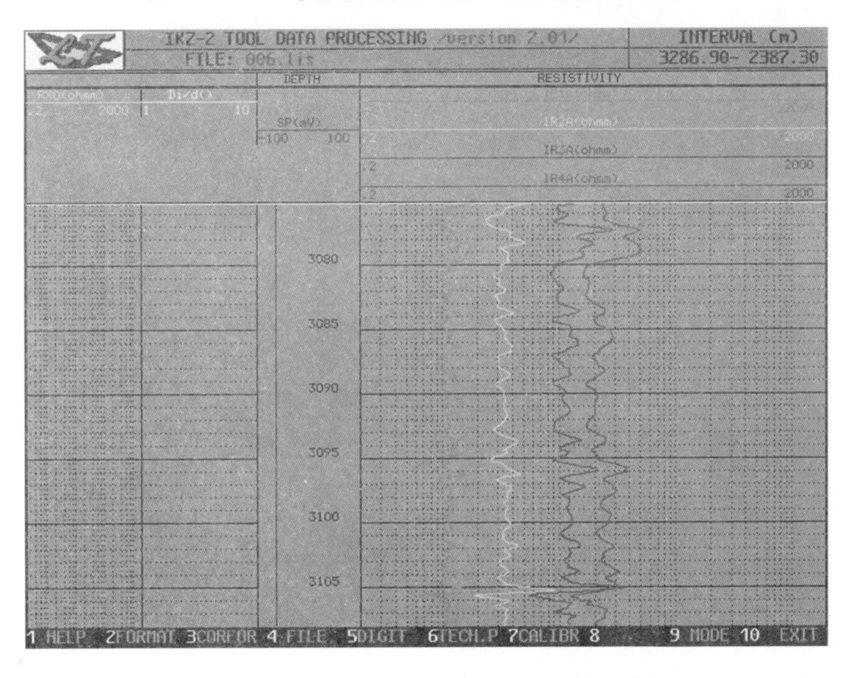

图 4-21 Ht-log 便携式测井地面系统取得的测井资料 2

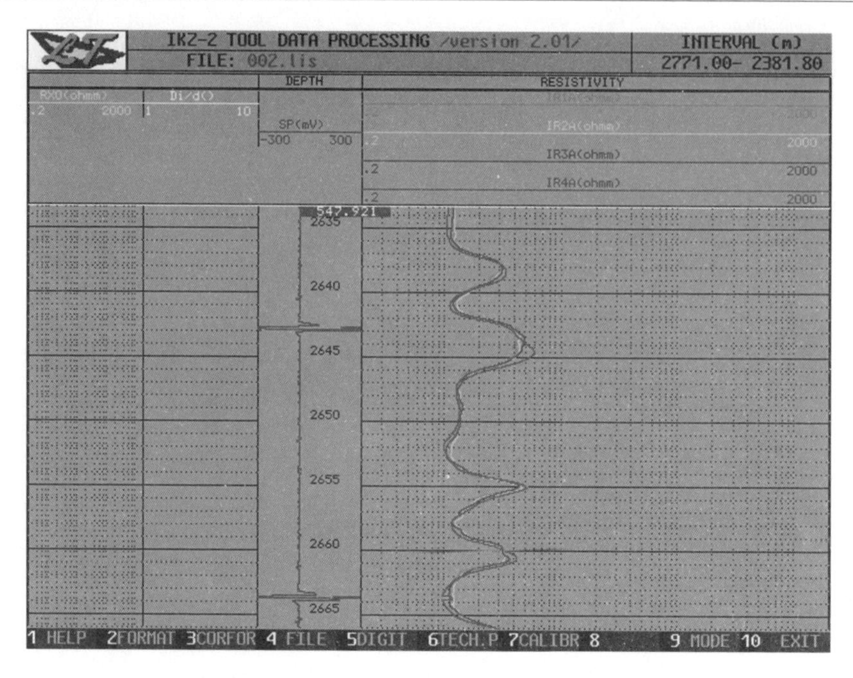

图 4-22 Ht-log 便携式测井地面系统取得的测井资料 3

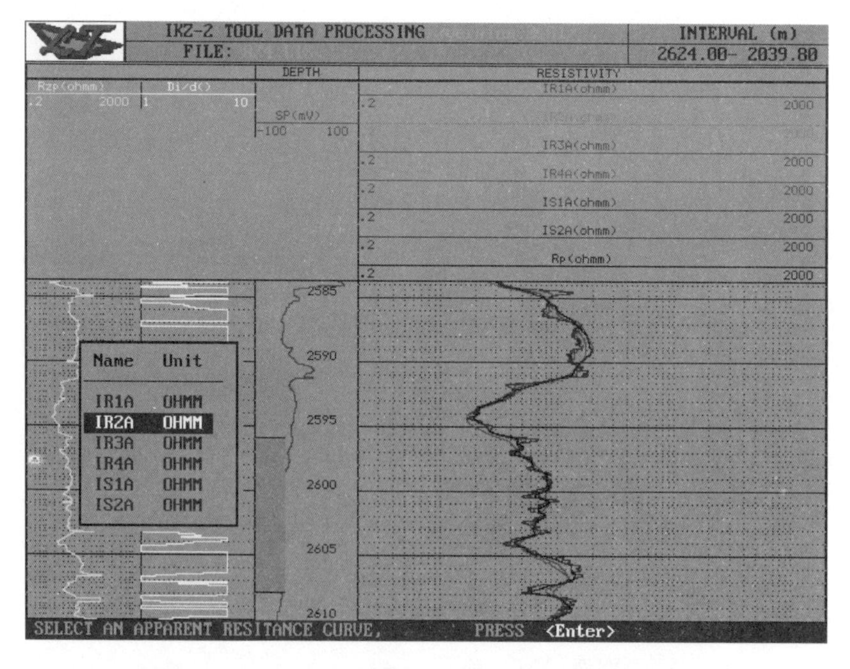

图 4-23 Ht-log 便携式测井地面系统取得的测井资料 4

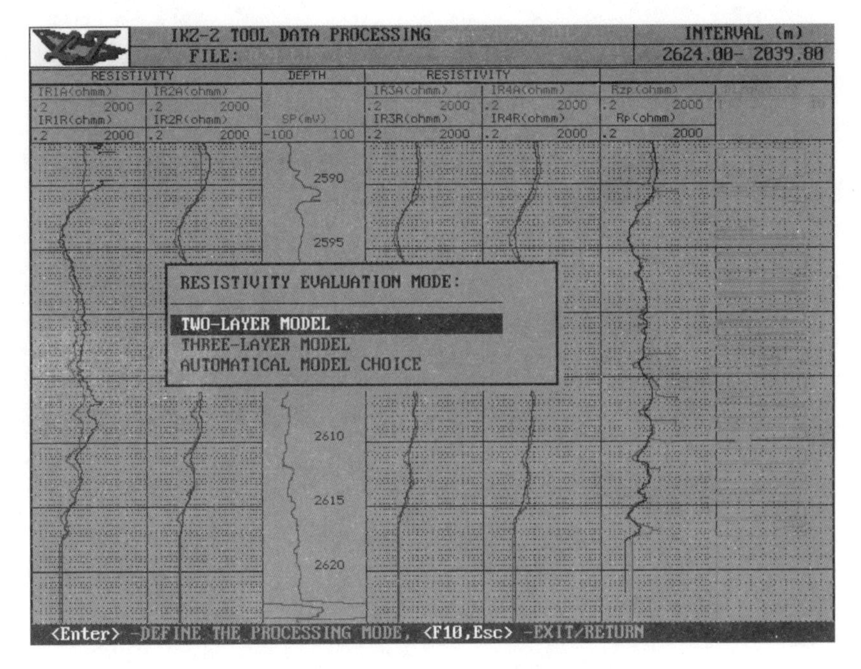

图 4-24　Ht-log便携式测井地面系统取得的测井资料5

4.5　小结

长江大学与北京北方亨泰科技发展有限公司合作，利用测井仪器适配技术，成功地研制出Ht-log便携式测井地面系统。在该系统的支持下，我国生产的任何测井地面系统均可以配接HIL感应测井仪完成测井任务。由于Ht-log便携式测井地面系统具有体积小、重量轻、携带方便等特点，而且性能稳定、工作可靠，因此受到测井现场工程师们的欢迎。图4-25所示的是批量生产的Ht-log便携式测井地面系统示意图。

Ht-log便携式测井地面系统在油田推广以来，HIL感应测井仪已经成功完成大量测井工作，为我国能源生产节省了大量的外汇，创造了良好的经济效益和社会效益。实践证明，在引进外国测井仪器为我国油田企业生产服务的过程中，测井仪器适配技术发挥了重要作用。

图 4-25　批量生产的 Ht-log 便携式测井地面系统

HIL 感应测井仪专用短接

EILOG05、EILOG06 成套测井装备是中国石油集团测井有限公司研发的两套具有完全自主知识产权的集成测井系统，其井下总线分别采用 DTB 总线和 CAN 总线，而引进的 HIL 感应测井仪的通信接口则采用 PCM 信号传输格式。为了将 HIL 感应测井仪挂接到 EILOG05、EILOG06 测井系统上，实现组合测井、提高测井效率的目的，长江大学研制了能同时兼容 EILOG05、EILOG06 测井系统的 HIL 感应测井仪井下专用短接（以下简称专用短接）。

5.1　专用短接的功能、结构和特点

5.1.1　专用短接的功能

近年来，HIL 感应测井仪因其分层能力强和探测深度大等优点，在国内外油田得到了广泛应用。EILOG05、EILOG06 成套测井装备是中国石

油集团测井有限公司研发的两种具有完全自主知识产权的集成测井系统，其井下总线分别采用 DTB 总线和 CAN 总线，而 HIL 感应测井仪的通信接口采用 PCM3508 信号传输格式，与 EILOG 测井系统不兼容，导致 HIL 感应测井仪不能直接挂接到 EILOG 测井系统中。通过 HIL 感应测井仪专用短接的研制，实现 HIL 感应测井仪与 EILOG 测井系统的配接，从而实现 HIL 感应测井仪与中国石油集团测井有限公司研制的系列测井仪器进行组合测井，有效提高测井效率。

HIL 感应测井仪专用短接与 EILOG 测井仪器车配接的整体示意图如图 5-1 所示。测井仪器车中装有测井地面采集系统和提升机，测井地面采集系统与下井仪器通过测井电缆连接，测井电缆通过提升机实现电缆的收放，所有的下井仪器通过井下总线连接到井下遥传短接，井下总线包括 DTB 总线和 CAN 总线，其中 EILOG05 测井系统是基于 DTB 总线，EILOG06 测井系统是基于 CAN 总线。下井仪器 1，下井仪器 2，…，下井仪器 N 表示 EILOG 测井系统的下井仪器，如声波测井仪、双感应八侧向测井仪、井径测井仪、中子测井仪、密度测井仪等。在物理位置上，HIL 感应测井仪连接至仪器组合串的最底端，HIL 感应测井仪通过专用短接连接到下井仪器总线上，从而实现与 EILOG 测井系统的配接。

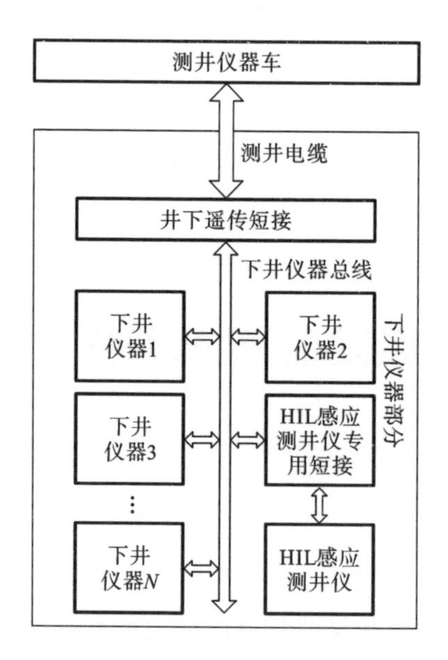

图 5-1　HIL 感应测井仪专用短接与测井仪器车连接示意图

如图5-2所示，虚线框内为专用短接原理示意图，实现HIL感应测井仪与EILOG05系统和EILOG06系统的挂接。具体工作过程描述如下。

EILOG05系统通过DTB总线接口电路、EILOG06系统通过CAN总线接口电路，激活或发送采集命令给以C8051F060为核心的PCM编解码系统；C8051F060收到采集命令后，按照HIL感应测井仪的通信协议将命令编码并通过PCM3508驱动电路模块发送给HIL感应测井仪，HIL感应测井仪收到命令后进行数据采集，将采集到的数据通过PCM3508调理电路送给C8051F060进行解码并保存；当C8051F060收到激活命令后，将准备好的数据通过DTB或CAN总线接口电路上传给EILOG05系统或EILOG06系统。

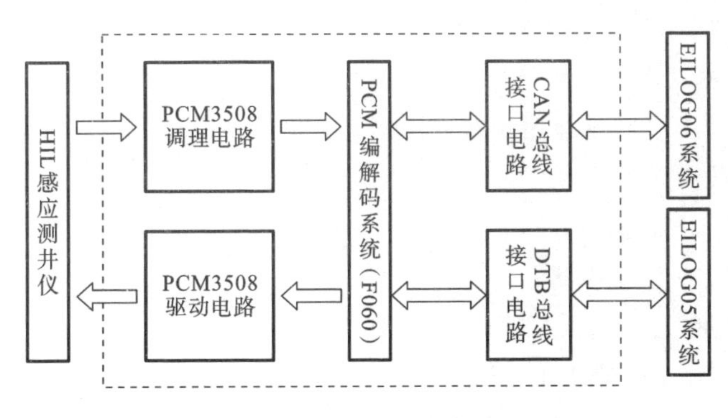

图5-2 专用短接工作原理示意图

5.1.2 HIL感应测井仪专用短接的结构

HIL感应测井仪专用短接的外观是一个直径为90 mm的圆柱形钛合金壳体，如图5-3所示。专用短接顶部采用31芯航空插件与其他组合测井仪器连接，专用短接底部采用28芯航空插件与HIL感应测井仪连接。

1. 专用短接主要特性参数

（1）长度：2189 mm。

（2）质量：38 kg。

（3）外径：90 mm。

（4）供电电源：电压，AC 220 V±10%；频率，50±2 Hz。

图 5-3 HIL 感应测井仪专用短接外观

(5) 使用温度范围：−25～+125 ℃。

(6) 最大外压：仪器耐压≤140 MPa。

(7) 使用电缆长度：L≤7000 m。

2. 专用短接内部组成

HIL 感应测井仪专用短接内部结构如图 5-4 所示，由以下部分组成，各部分内容具体如下。

(1) 上 31 芯插头；

(2) 上 31 芯插头螺纹；

(3) 电源三端稳压芯片，共安装 4 个；

(4) 电源变压器 1 个；

(5) 3.3 V 直流稳压模块 1 个；

(6) 直流电源板；

(7) HIL 感应测井仪专用转接板；

(8) 工字形骨架；

(9) 下 31 芯插头座；

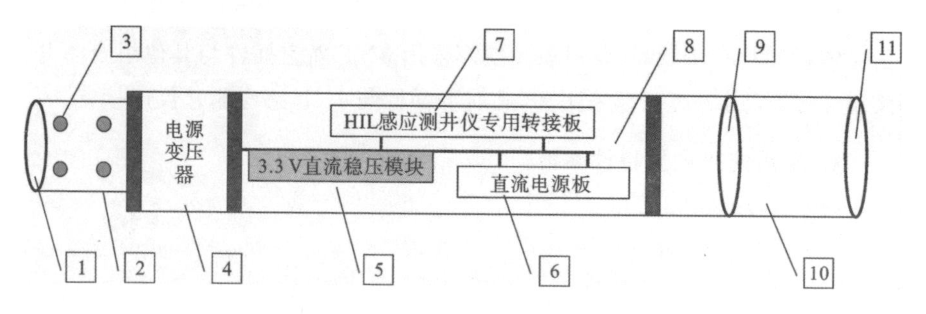

图 5-4 HIL 感应测井仪专用短接结构图

(10) 31 芯转 28 芯短接;

(11) 下 28 芯插座。

其中,4 片三端稳压管安放在工字形骨架前方(上 31 芯插头螺纹)。3.3 V 直流稳压模块安放在工字形骨架上,它与直流电源板放在一侧,而 HIL 感应测井仪专用转接板安放在另一侧。专用转接板实物如图 5-5 所示。

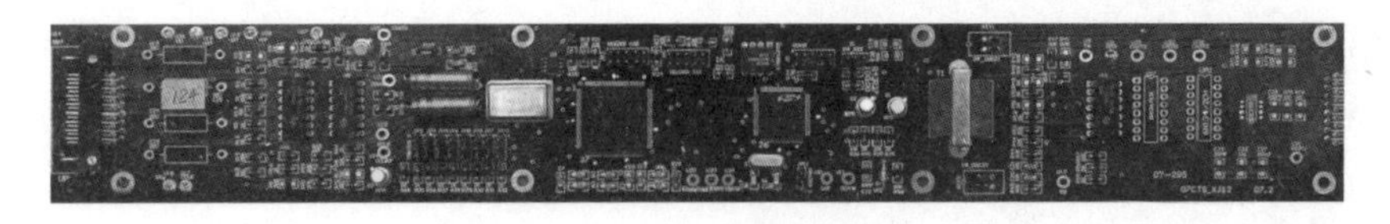

图 5-5 专用转接板实物

5.1.3 HIL 感应测井仪专用短接的特点

HIL 感应测井仪专用短接的研制成功,彻底摆脱了 HIL 感应测井仪地面适配器 AC-3 适配器的限制,将 HIL 感应测井仪挂接在井下遥传短接上,与其他测井仪器配合进行组合测井,测井仪器车无需增加任何箱体和连线,而且可以自动适应各种测井地面系统,大大地提高了生产效率。通过 HIL 感应测井专用短接的研制,解决了不同测井地面系统和下井仪器间互联互通的技术瓶颈问题,从技术上实现了不同仪器的大组合测井,极大地缩短了现场测井作业时间,减少了测井作业的次数,降低了能源消耗,有效保护了自然资源。

5.2 HIL 感应测井仪与 EILOG05 的配接

5.2.1 PCM 信号格式及井下 DTB 总线

1. PCM 信号格式

在数字电路中分别用二进制数码的“**1**”和“**0**”表示高电平和低电平,这种数字电平信号在传输中会产生直流分量，不适合于数据接收。而PCM3508码能够完全去除数字波形中的直流成分，避免了传输时产生的直流漂移。其特征如下：

每帧信息由同步头、数据及校验位三部分组成共20位。第一部分是同步，同步的类型有两种，都占用3个位周期。先高电平、后低电平的同步为命令同步，高电平和低电平宽度均为1.5个位周期；反之则为数据同步。第二部分是数据，占16位，在每个位的中间有跳变，由高到低跳变表示"**1**"，由低到高跳变表示"**0**"。第三部分是校验位。PCM3508信号格式中，每帧数据占1 ms时间，其中每位数据宽度为50 μs。HIL感应测井仪采用PCM3508信号格式，其数据格式如图5-6所示。

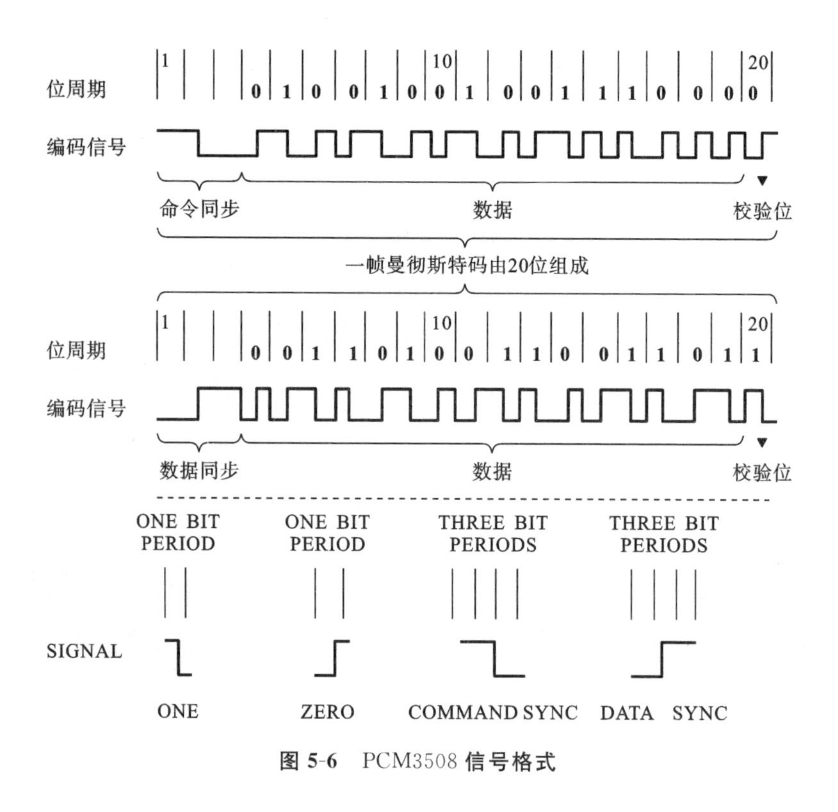

图5-6 PCM3508 **信号格式**

2. 井下DTB总线

由井下遥传短接送出的DTB总线由3根同轴电缆与3个56 Ω电阻组成，它与基于DTB总线的下井仪器连线，如图5-7所示。这三根线分别是

DSIG(向下信号)线、UCLK(向上时钟)线和 UDATA/GO(向上数据/GO)线。DTB 总线时序图如图 5-8 所示。3 根线的作用分别如下。

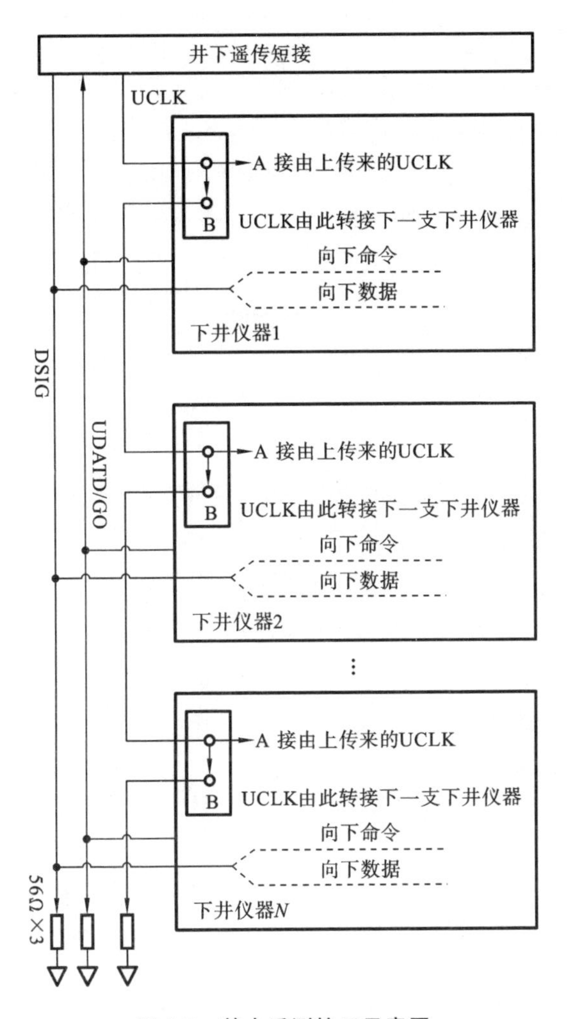

图 5-7 基本遥测接口示意图

(1) UDATA/GO 是 DTB 总线中 GO 信号和串行数据复用线，GO 信号幅度为 3.6 V，通知井下组合仪器准备传送数据；UDATA 为井下所有仪器上传的测井数据，幅度为 1.2 V。

(2) UCLK 是 DTB 总线中的上传数据时钟线，上升沿有效，时钟频率为 100 kHz。

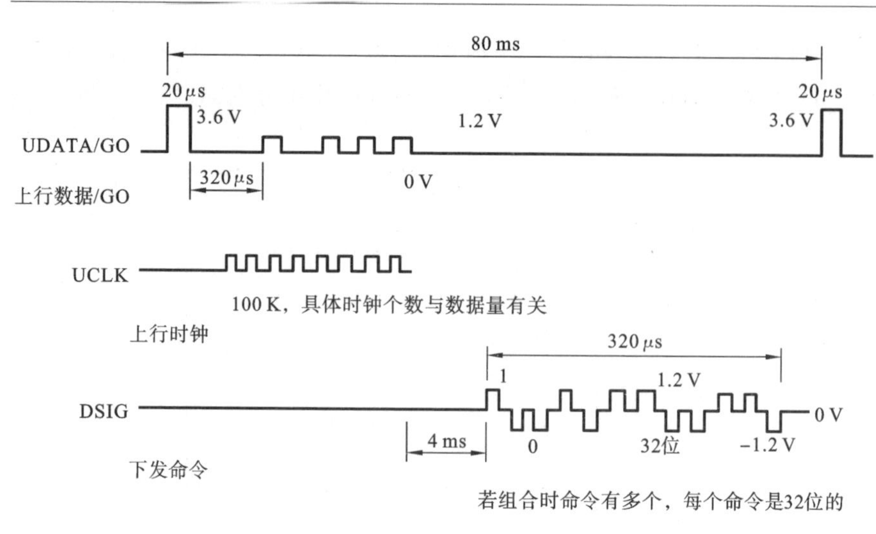

图 5-8 DTB 总线时序图

(3) DSIG 是 DTB 总线中的下行信号线，用来传送下行指令。DSIG 中既含数据信息也含时钟信息，二者由短接中的信号时钟分离电路实现分离。下行指令信号 DSIG 为归零制信号，有三个电平：+1.2 V、0 V、−1.2 V，其中+1.2 V 代表 **1**、−1.2 V 代表 **0**。

5.2.2 硬件设计

EILOG05 测井系统是由中国石油测井有限公司制造，并在我国广泛使用的一种测井系统，系统井下遥传基于 DTB 总线。HIL 感应测井仪是由俄罗斯制造，利用曼彻斯特码接收和传输数据，与我国同类感应测井仪器相比有明显优势的一种感应测井仪器。为了在我国油田推广先进的 HIL 感应测井仪，将 HIL 感应测井仪配接到 EILOG05 测井系统上，增强 EILOG05 测井系统的功能，编者设计完成了 HIL 感应测井仪与 EILOG05 测井系统的配接工作。

EILOG05 测井系统采用 DTB 总线。DTB 总线位于井下遥测单元(TCC)与 DTB/PCM 信号专用短接之间，共 3 根信号线：下行信号线 DSIG、上行时钟线 UCLK 和上行数据线 UDATA/GO。

1. 配接整体硬件设计框图

HIL 感应测井仪配接 EILOG05 测井系统组合测井示意框图如图 5-9

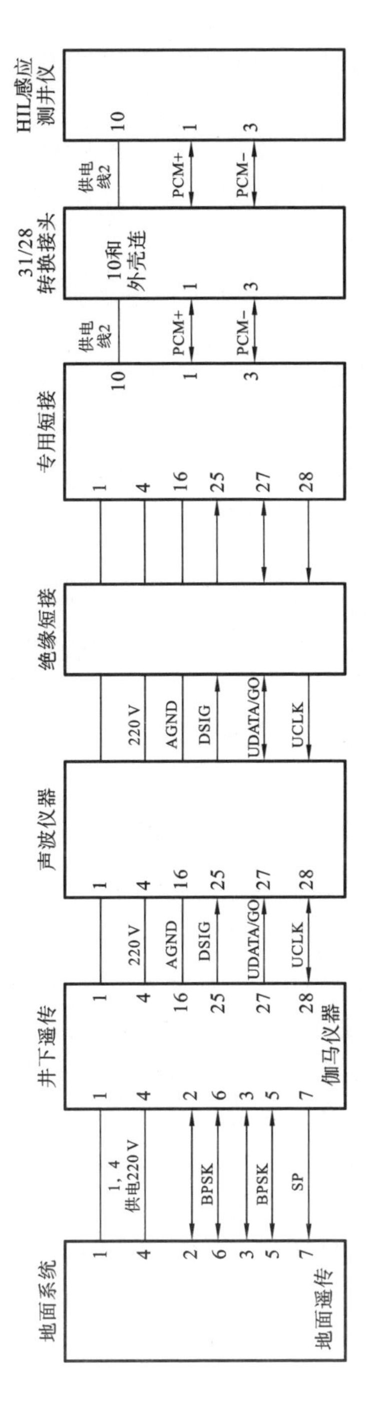

图 5-9 配接系统连接框图

所示。地面通过1号、4号缆芯向下井仪器供电，地面向井下发送命令以及接收井下上传的数据，下发的命令和上传的数据通过缆芯2、6和3、5传输，信号格式为双相位码。地面发送命令是广播式，32位的命令中有地址信息，下井仪器就是依据地址信息来判断该命令是不是对本仪器操作。井下遥传、声波仪器为中国石油集团测井有限公司制造的仪器，专用短接为编者设计的HIL感应测井仪专用短接。

专用短接PCM/DTB适配器接插件管脚定义如下。

（1）上31芯插座定义。

① 1、4脚是电源，地面通过电缆供电至井下的电源。

② 16脚是DTB总线信号地线。

③ 25脚：DSIG，是DTB总线中的遥传下发的命令线。

④ 28脚：UCLK，是DTB总线中上传数据的时钟线，适配器在此时钟节拍下向井下遥传传送感应仪数据。

⑤ 27脚：UDATA/GO，是DTB总线中GO信号和串行数据复用线，GO信号通知短接准备传送数据，UDATA为短接传送的感应仪数据。

（2）下28芯插座定义。

① 1脚：曼彻斯特码PCM＋。

② 3脚：曼彻斯特码PCM－。

③ 10脚：地线。

2. 硬件设计原理

专用短接接收地面系统通过DTB总线发送的命令，根据DTB总线协议，利用FPGA和MCU进行解析，将解析出的命令编成曼彻斯特码，发送给HIL感应测井仪；HIL感应测井仪收到命令后，按照命令执行并编码上传测井数据，专用短接对HIL感应测井仪上传的数据进行曼彻斯特解码，并在上传时钟UCLK的节拍下上传测井数据至井下遥传。设计原理框图如图5-10所示。

硬件设计框图如图5-11所示。地面系统下发的通信检查和测井命令通过信号时钟分离电路和FPGA将命令保存在FPGA的端口中，等待单片机读取。单片机在GOP和UCLK的作用下上传解码的数据UDATA，每80 ms上传一次数据，在GOP到来上传完数据后，到FPGA端口中读取命

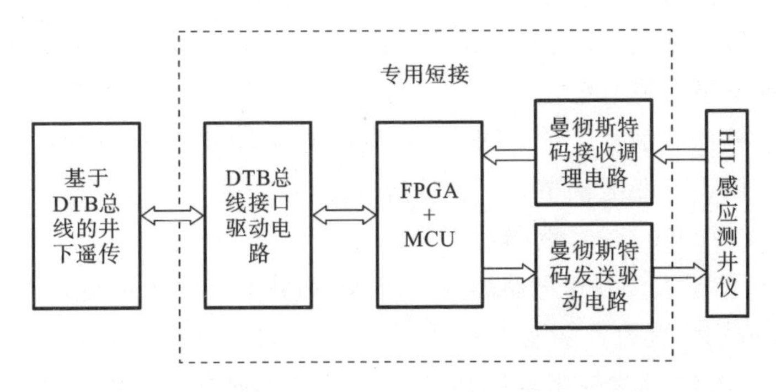

图 5-10　HIL感应测井仪与DTB总线配接设计原理框图

令，单片机读到命令后向HIL感应测井仪下发相应的命令，HIL感应测井仪收到命令经1.5 ms后上传数据，单片机对上传的数据进行解码，解码的数据在下一个GOP和UCLK作用下上传。比较驱动电路提高上传数据的驱动能力。曼彻斯特码调理电路完成信号的调理和整形，调理电路中变压器负边的中心抽头接隔离变压器的一个端子，通过PCM＋或PCM－和供电线2给HIL感应测井仪供电。

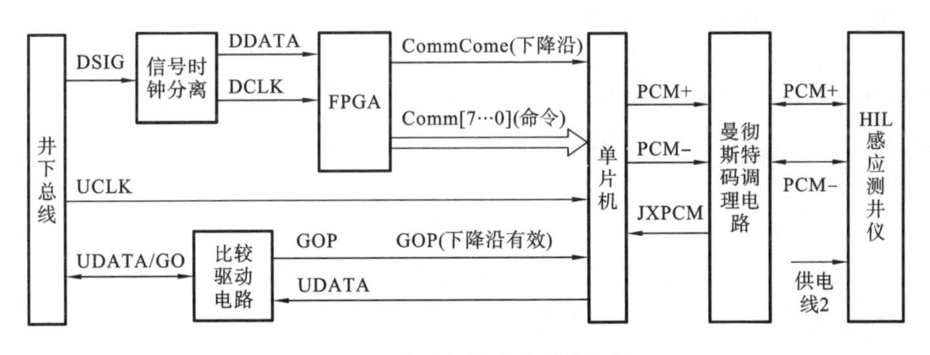

图 5-11　专用短接硬件设计框图

下行信号DSIG经信号时钟分离电路输出下行数据信号DDATA和下行时钟信号DCLK；FPGA模块在DCLK的节拍下对DDATA进行解码，通过并行端口将数据输出到单片机P2口，并提供一个触发信号CommCome给单片机；单片机在CommCome信号的中断下从P2口读取命令数据。单片机对从P2口读取的命令数据编码成PCM3508信号格式经由曼彻斯特码调理电路下发给下井仪器组合；下井仪器组合收到命令后进行测井数据采集，并将采集到的数据以 PCM3508 信号格式经由曼彻斯特码调理电路上传给单片机。双向传输信号 UDATA/GO 经比较驱动电路给单片机提供触发信号 GOP，单片机在响应 GOP 信号的进程中将测井数据在 UDATA 信号的节拍下上传给遥传。

（1）PCM3508 信号编码发送电路。

PCM 信号编码发送电路如图 5-12 所示，将 C8051F060 处理器的 P0.5 与 P0.6 分别配置为数字输出模式，由软件控制两引脚的电平来控制 Q_1、Q_2 的导通状态，通过变压器将 PCM3508 格式的曼彻斯特码信号耦合到曼彻斯特码通信线缆上。

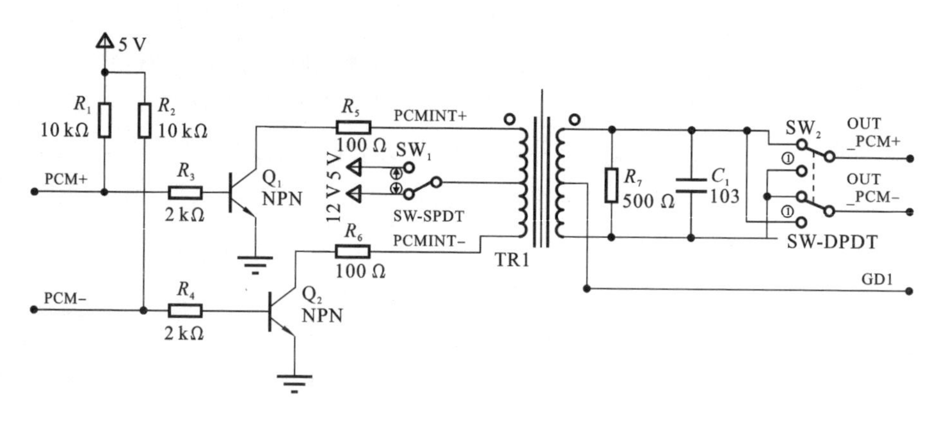

图 5-12 PCM3508 **信号编码发送电路**

（2）PCM3508 信号接收调理电路。

如图 5-13 所示，PCM 信号接收调理电路由两级放大器和一级滞回比较器构成。C_2 和 C_3 起去除直流分量的作用；桥式电阻结构为方便改变放大器放大倍数而设计；滞回比较器和稳压电路将曼彻斯特码信号变成单片机能识别的 TTL 电平。

5.2.3 软件设计

系统软件设计包括 FPGA 程序设计和单片机程序设计。FPGA 程序采用 VHDL 语言编写，地面测井系统下发的命令经过分离电路后输出数

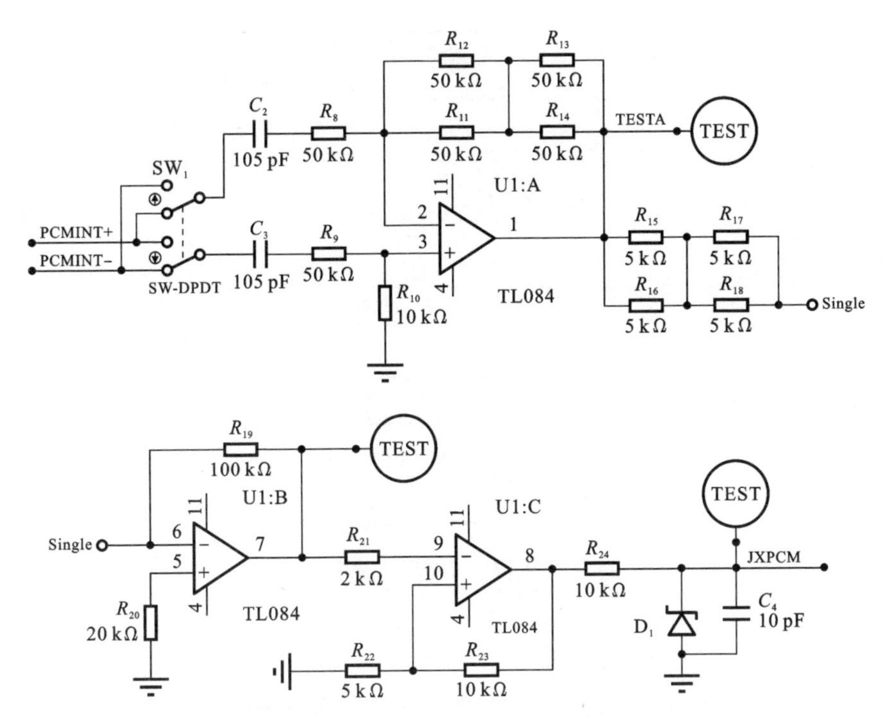

图 5-13 PCM3508 信号接收调理电路

据 DATA 和时钟信号 DCLK，DATA 为地面测井系统下发的 32 位串行命令数据，命令数据在 DCLK 时钟控制下移位成并行数据，经过一个周期延时后与专用短接的仪器地址比较，若地面测井系统是对本仪器操作，则将新的命令保存在 FPGA 的端口；若不是对本仪器操作，则保存在端口中的命令不变。单片机 C8051F060 中的程序采用 C51 语言编写，功能包括接收遥传命令、PCM3508 信号的编解码、数据上传，流程图如图 5-14 所示。主程序首先对 C8051F060 系统进行初始化，包括对时钟的配置、看门狗模块的配置、中断的配置，以及输入/输出交叉端口的配置；然后对从 FPGA 模块发送过来的命令进行分析判断，从而确定当前的命令是测井命令还是通信检查命令；接着对相应的命令进行编码并且通过电缆下发给 HIL 感应测井仪；最后，解码、接收感应测井仪上传的数据。在总线的上传时钟的节拍下，上传数据中断服务子程序将采集到的数据上传给下井仪器总线。

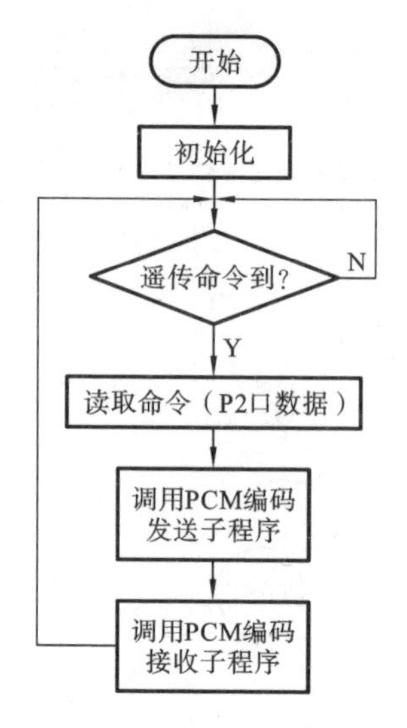

图 5-14　主程序流程图

1. PCM3508 信号的编码

编码即把主机要发送给井下仪器的命令数据编码成具有图 5-6 所示的信号格式，然后从 P0 口差分输出。命令同步头编码为 **111000**，数据同步头编码为 **000111**；中间数据位“1”编码为“**10**”，中间数据位“0”编码为“**01**”奇偶校验位同中间数据位。以命令 0×1234 为例，编码后的数据为：

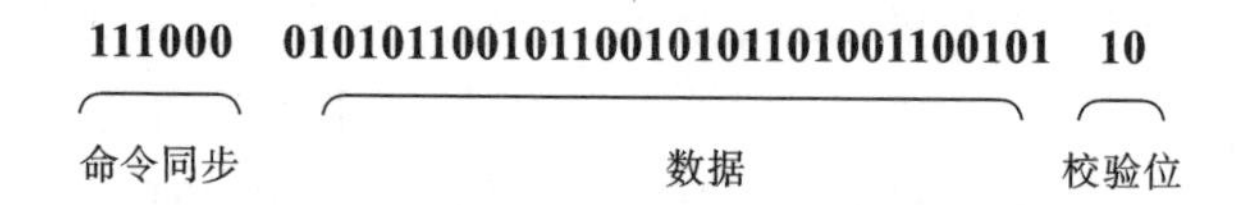

编码后的信号输出时：P0.5＝**1**，P0.6＝**0**，代表 **1**；P0.5＝**0**，P0.6＝**1**，代表 **0**。每一位的输出宽度为 25 μs，由 C8051F060 单片机内部 T3 定时器完成。

2. PCM3508 信号的解码

解码程序的流程如图 5-15 所示，解码为编码的逆过程，程序通过定时监测 P0.4 的状态进行解码。首先根据同步头与数据位的信号宽度的差异，识别出同步头；然后通过不断捕捉 P0.4 信号的边沿，并比较边沿前后的状态来识别数据位以及奇偶校验位。

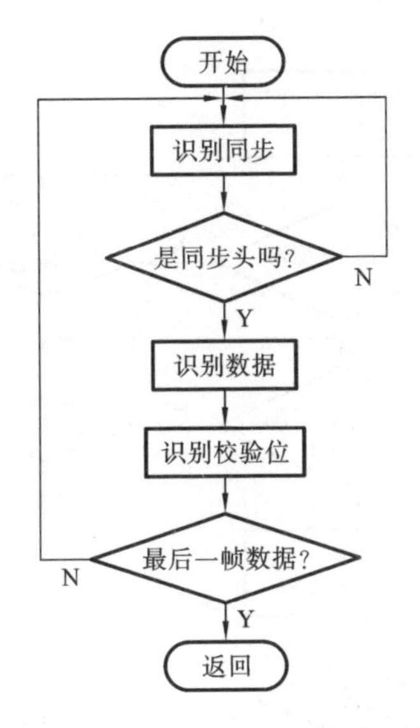

图 5-15 PCM3508 编解码流程图

3. 数据上传子程序设计

数据上传功能在由 GOP 信号引起的中断服务子程序中完成，将解码接收到的下井仪器数据在 UCLK 的节拍下上传给 DTB 总线，上传数据位数与 UCLK 提供的数据位数始终严格一致。程序流程如图 5-16 所示。

5.2.4 现场调试

现场调试分 3 个阶段，分别是用感应模拟器挂接 HIL 感应测井仪专用短接配接 EILOG 系统进行短接的调试，用 HIL 感应测井仪挂接 HIL 感应测井仪专用短接配接测试台架，以及用 HIL 感应测井仪挂接 HIL 感应测井仪专用短接配接 EILOG 系统进行地面、标准井调试，最后进行实际井的测量。图 5-17 所示的为用专用短接采集感应模拟器数据的效果图。感应模拟器输出的数据为 0～65535，每一帧数据递增 16，通过观察专用短接采集的原始数据，可以看出专用短接采集的数据完全正确。

图 5-18 所示的为利用中国石油测井有限公司制造的测试台架和 HIL 感应测井仪专用短接配接 HIL 感应测井仪联调效果图。台架下发通信检查命令，专用短接将 HIL 感应测井仪上传的数据解码后上传给台架。通过

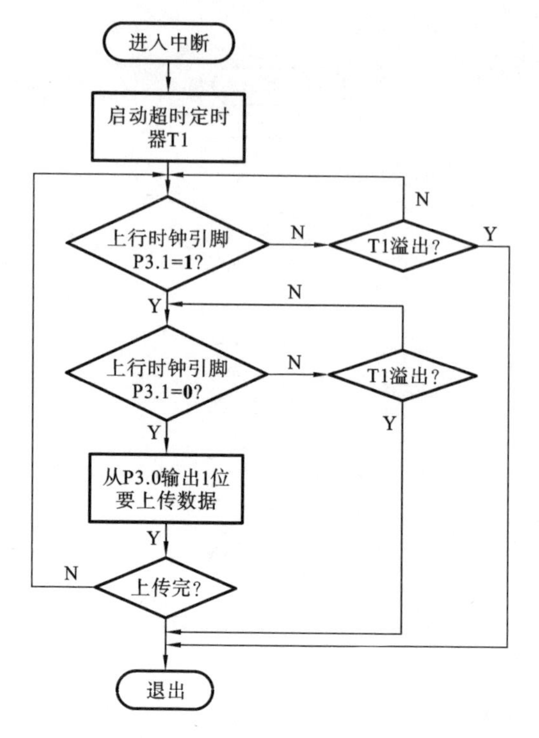

图 5-16　数据上传子程序流程图

6480	6481	6482	6483	6484	6485	6486	6487	6488	6489	6490	6491	6492	6493	6494	6495
6496	6497	6498	6499	6500	6501	6502	6503	6504	6505	6506	6507	6508	6509	6510	6511
6512	6513	6514	6515	6516	6517	6518	6519	6520	6521	6522	6523	6524	6525	6526	6527
6528	6529	6530	6531	6532	6533	6534	6535	6536	6537	6538	6539	6540	6541	6542	6543
6544	6545	6546	6547	6548	6549	6550	6551	6552	6553	6554	6555	6556	6557	6558	6559
6560	6561	6562	6563	6564	6565	6566	6567	6568	6569	6570	6571	6572	6573	6574	6575
6576	6577	6578	6579	6580	6581	6582	6583	6584	6585	6586	6587	6588	6589	6590	6591
6592	6593	6594	6595	6596	6597	6598	6599	6600	6601	6602	6603	6604	6605	6606	6607
6608	6609	6610	6611	6612	6613	6614	6615	6616	6617	6618	6619	6620	6621	6622	6623
6624	6625	6626	6627	6628	6629	6630	6631	6632	6633	6634	6635	6636	6637	6638	6639
6640	6641	6642	6643	6644	6645	6646	6647	6648	6649	6650	6651	6652	6653	6654	6655
6656	6657	6658	6659	6660	6661	6662	6663	6664	6665	6666	6667	6668	6669	6670	6671
6672	6673	6674	6675	6676	6677	6678	6679	6680	6681	6682	6683	6684	6685	6686	6687
6688	6689	6690	6691	6692	6693	6694	6695	6696	6697	6698	6699	6700	6701	6702	6703
6704	6705	6706	6707	6708	6709	6710	6711	6712	6713	6714	6715	6716	6717	6718	6719
6720	6721	6722	6723	6724	6725	6726	6727	6728	6729	6730	6731	6732	6733	6734	6735
6736	6737	6738	6739	6740	6741	6742	6743	6744	6745	6746	6747	6748	6749	6750	6751
6752	6753	6754	6755	6756	6757	6758	6759	6760	6761	6762	6763	6764	6765	6766	6767
6768	6769	6770	6771	6772	6773	6774	6775	6776	6777	6778	6779	6780	6781	6782	6783
6784	6785	6786	6787	6788	6789	6790	6791	6792	6793	6794	6795	6796	6797	6798	6799
6800	6801	6802	6803	6804	6805	6806	6807	6808	6809	6810	6811	6812	6813	6814	6815
6816	6817	6818	6819	6820	6821	6822	6823	6824	6825	6826	6827	6828	6829	6830	6831
6832	6833	6834	6835	6836	6837	6838	6839	6840	6841	6842	6843	6844	6845	6846	6847
6848	6849	6850	6851	6852	6853	6854	6855	6856	6857	6858	6859	6860	6861	6862	6863
6864	6865	6866	6867	6868	6869	6870	6871	6872	6873	6874	6875	6876	6877	6878	6879
6880	6881	6882	6883	6884	6885	6886	6887	6888	6889	6890	6891	6892	6893	6894	6895
6896	6897	6898	6899	6900	6901	6902	6903	6904	6905	6906	6907	6908	6909	6910	6911
6912	6913	6914	6915	6916	6917	6918	6919	6920	6921	6922	6923	6924	6925	6926	6927
6928	6929	6930	6931	6932	6933	6934	6935	6936	6937	6938	6939	6940	6941	6942	6943
6944	6945	6946	6947	6948	6949	6950	6951	6952	6953	6954	6955	6956	6957	6958	6959
6960	6961	6962	6963	6964	6965	6966	6967	6968	6969	6970	6971	6972	6973	6974	6975
6976	6977	6978	6979	6980	6981	6982	6983	6984	6985	6986	6987	6988	6989	6990	6991
6992	6993	6994	6995	6996	6997	6998	6999	7000	7001	7002	7003	7004	7005	7006	7007
7008	7009	7010	7011	7012	7013	7014	7015	7016	7017	7018	7019	7020	7021	7022	7023
7024	7025	7026	7027	7028	7029	7030	7031	7032	7033	7034	7035	7036	7037	7038	7039

图 5-17　专用短接采集感应模拟器输出的数据

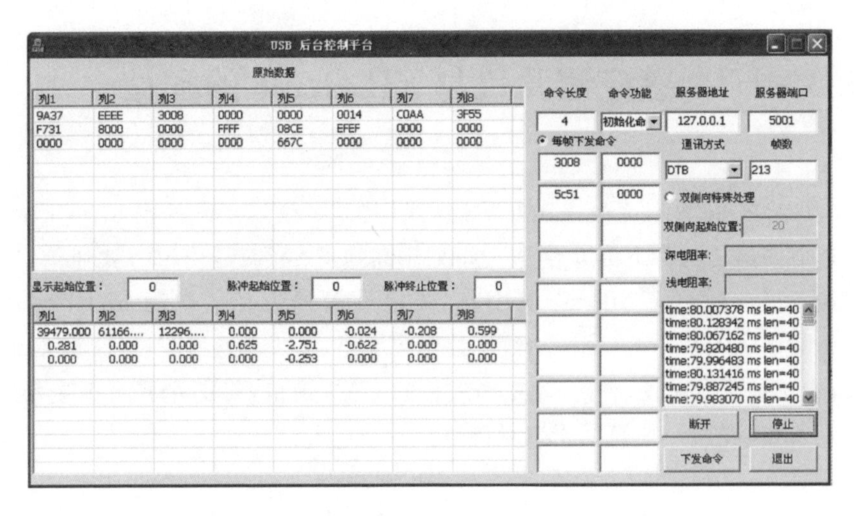

图 5-18　HIL 感应测井仪与测试台架联调效果图

观察台架采集的数据，说明 HIL 感应测井仪专用短接工作正常。

图 5-19 所示的为利用 HIL 感应测井仪挂接 HIL 感应测井仪专用短接配接 EILOG05 系统进行地面作业时的效果图。

图 5-19　EILOG05 系统联调效果图

5.3 HIL 感应测井仪与 EILOG06 的配接

EILOG06 测井系统采用 CAN 总线，其井下仪器系统如图 5-20 所示。高速电缆遥传与井下测井仪器之间采用高速 CAN 总线协议方式通信，通信速率可以达到 1 Mb/s。其中，高速电缆遥传由井下调制 MOD/解调 DEMOD 单元及井下 CAN 总线主控制单元组成，二者通过双口 RAM 相连接；为了井下测井仪器与高速电缆遥传的 CAN 通信，每支井下测井仪器必须配备相应的 CAN 总线子节点接口。

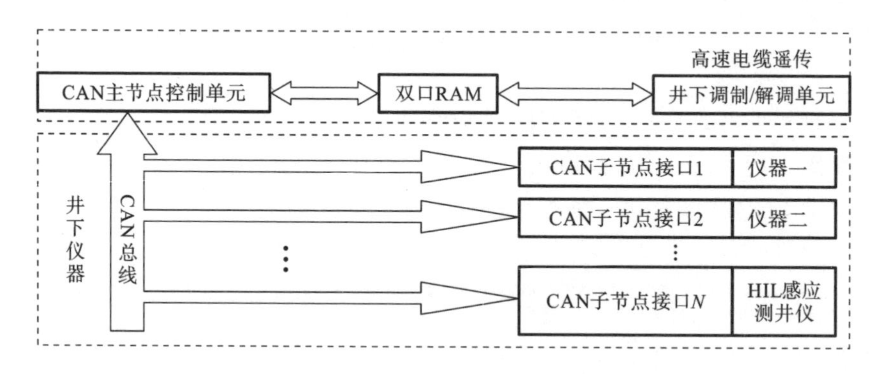

图 5-20 EILOG06 井下仪器系统

本项目要求研制如图 5-20 所示的 CAN 子节点接口 N 专用短接，实现 HIL 感应测井仪与中国石油集团测井有限公司研制的 EILOG06 配接。

5.3.1 硬件设计

专用短接原理框图如图 5-21 所示。CAN 主节点控制单元通过 CAN 总线接口电路激活或发送采集命令给以 C8051F060 为核心的 PCM 编解码系统；C8051F060 收到采集命令后，按照 HIL 感应测井仪的通信协议，将命令编码并通过 PCM3508 驱动电路模块发送给 HIL 感应测井仪，

HIL 感应测井仪收到命令后进行数据采集，将采集到的数据通过 PCM3508 调理电路送给 C8051F060 进行解码并保存；当 C8051F060 接收到激活命令后，将准备好的数据通过 CAN 总线接口电路上传给 CAN 主节点控制单元。

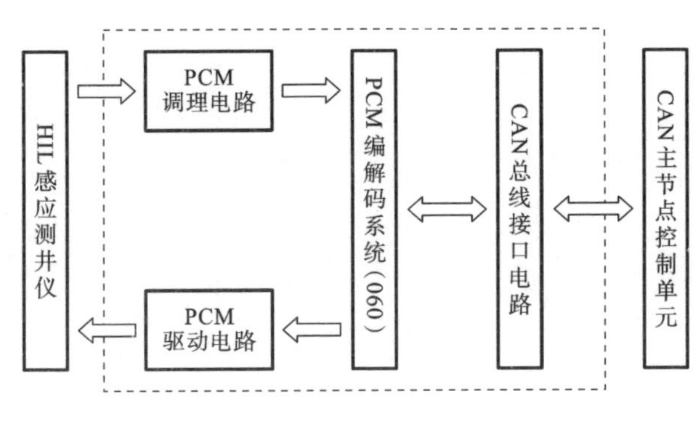

图 5-21　专用短接原理框图

1. PCM 信号编解码电路

这部分电路与 DTB/PCM 共用，详情见图 5-12 和图 5-13。

2. CAN 总线接口电路

C8051F060 内嵌的 CAN 核只提供 CAN 控制协议，应用时需外加 CAN 总线收发器。本应用中选择 SN65HVD233 作为 CAN 总线收发器，CAN 总线接口电路如图 5-22 所示。SN65HVD233 收发器是协议控制器和物理传输线路之间的接口，速率可以高达 1 Mb/s。为了提高系统的抗干扰能力和对 CAN 控制器的保护，在 CAN 收发器和 CPU 的 CAN 核之间加入一级磁隔离（IL712-3），这样就实现了总线上各 CAN 节点之间的电气隔离，提高了节点的稳定性和安全性。

同时，设计者在 SN65HVD233 与 CAN 总线接口部分也采用了一些安全和抗干扰措施。在 MAX3050 的 CANH 和 CANL 引脚各自并接一个 120 Ω 的电阻，再通过一个 47 pF 的电容连接到地，起阻抗匹配和抗干扰作用。CANH 和 CANL 之间跨接 2 个 10 pF 的电容，可以起到滤除总线上的高频干扰和防电磁辐射的能力。

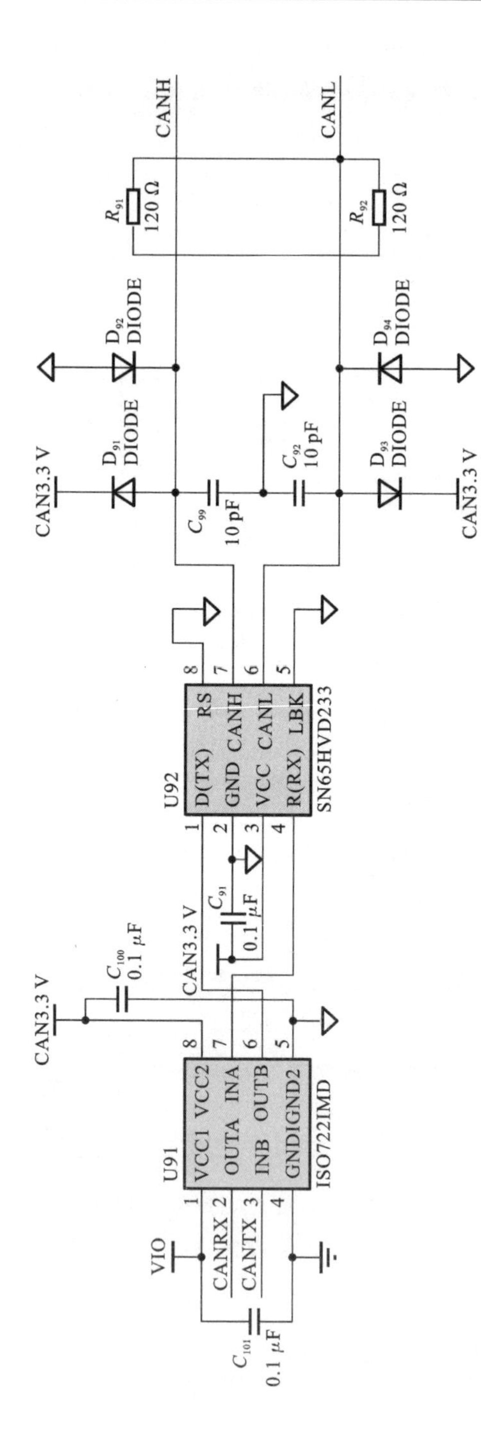

图 5-22 CAN总线接口电路

5.3.2　软件设计

系统软件为高速单片机 C8051F060 里的程序，其核心功能为曼彻斯特码软编解码、CAN 总线数据收发。

1. 主程序流程

主程序流程如图 5-23 所示。

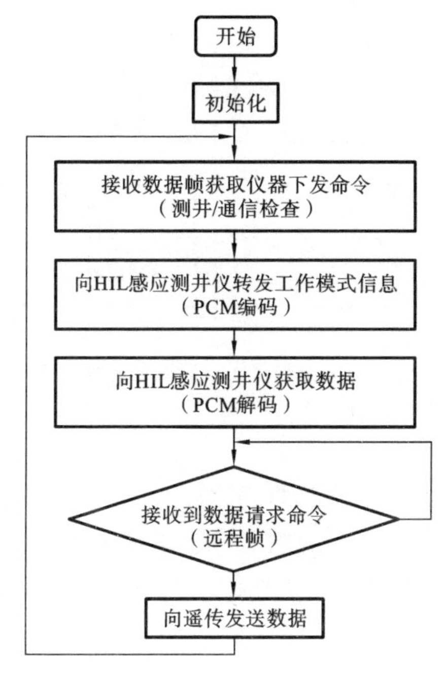

图 5-23　主程序流程图

2. 曼彻斯特码软编解码流程

详情同 5.2.3 小节的软件设计，见图 5.15。

3. CAN 通信模块软件设计

CAN 通信软件设计主要包括三个模块：系统初始化程序、发送程序、接收程序。

（1）系统初始化程序。

系统初始化程序主要完成对所有消息对象初始化（将所有值置零），对发送消息和接收消息对象分别进行初始化，还要对 CAN 控制寄存器（CAN0CN）、位定时寄存器（BITREG）进行设置。其中，位定时寄存器的设置较复杂，这里使用内部晶振，CAN 通信速率为 500 Kb/s，得到 BITREG 的初始值为 0X49C2。主程序中规定对象初始化、发送和接收初始化，最后才启动处理机制（对 BITREG 和 CAN0CN 初始化）。CAN 通信系统初始化程序流程如图 5-24 所示。

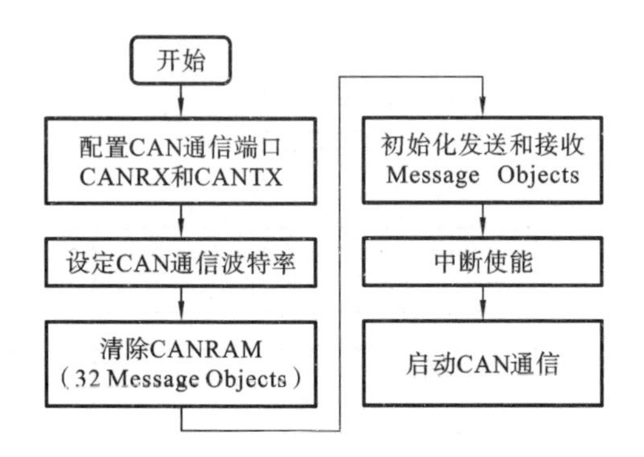

图 5-24　CAN 通信系统初始化程序流程图

（2）发送程序。

报文发送是由 CAN 控制器自动完成的，CAN 用户只需根据接收到的远程帧的识别符，将对应的数据转移到发送缓冲寄存器，然后将此报文对象的编码写入命令请求寄存器启动发送即可，而发送由硬件来完成。其发送程序结构如下。

```
void transmit_ data (char MsgNum)
{
  SFRPAGE  = CAN0_PAGE;          //将特殊功能寄存器指针指向 CAN
                                   寄存器页
  CAN0ADR  = IF1DATA1;           //将 CAN 页寄存器指针指向第一
                                   个要发送的字节
  for (num=0; num<8; num++ )     //每次发送 8 个字节
{CAN0DATH=sdata[num];
num++;
CAN0DATL=sdata[num];
```

```
}
  CAN0ADR   = IF1CMDRQST;      //将CAN页寄存器指针指向IF1
                                 命令请求寄存器
  CAN0DATL =MsgNum;            //启动发送
}
```

(3) 接收程序。

微处理器接收数据时可采用中断方式。接收消息对象初始化时,将RxIE位设置为1。当程序进入CAN中断服务子程序时,先判断CAN状态寄存器的RxOk位是否已置位,若已置位,则说明CAN控制器已经成功接收到一个数据帧(因为CAN通信有多个中断源,而中断向量只有一个)。这时,再调用相应的函数,取出数据帧中有用的字节进行处理或执行相应的操作。源程序代码如下。

```
void ISRname (void) interrupt 19
{ status = CAN0STA;
if ((status&0x10) ! = 0)    //判断RxOk?(当前中断是否由接收引起)
    {    CAN0STA = (CAN0STA&0xEF)|0x07;  //复位RxOk
        //从消息RAM里读数据
  SFRPAGE   = CAN0_PAGE;
    CAN0ADR = INTREG;
    MsgIntNum = CAN0DAT;
    receive_data (MsgIntNum);
    }
}
```

程序通过CAN总线的接收数据帧获取下发给HIL感应测井仪的命令(测井或通信检查);调用编码发送子程序下发命令给HIL感应测井仪;调用解码程序接收HIL感应测井仪上传的数据;在接收到遥传的远程帧数据请求后,将HIL感应测井仪数据上传给遥传。

5.3.3 CAN/PCM 功能测试

图5-25所示的是中国石油集团测井有限公司研制的EILOG06测试台架和专用短接以及HIL感应测井仪联调效果图。台架下发通信检查命令,

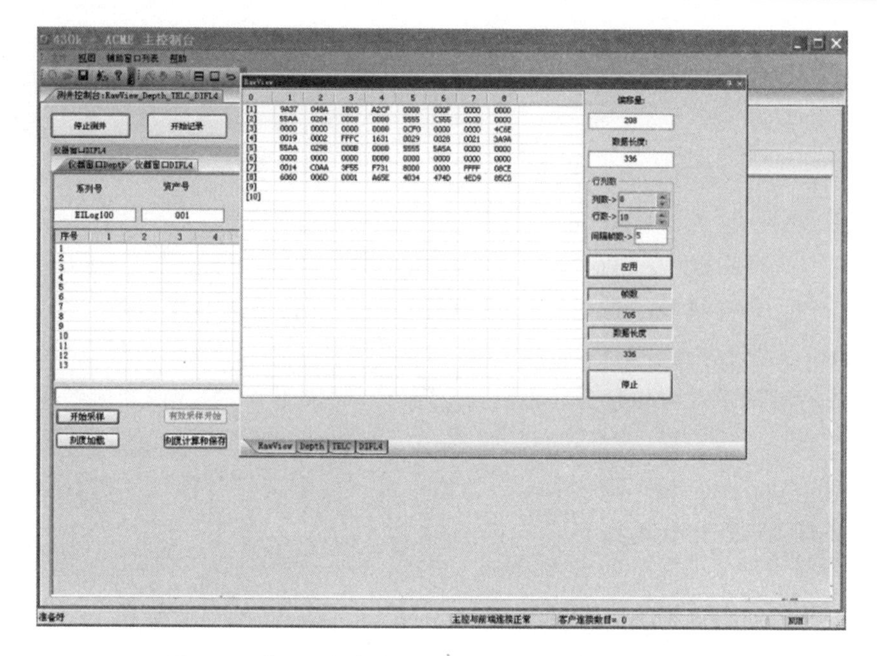

图 5-25　专用短接与台架、HIL 感应仪联调结果示意图

专用短接将 HIL 感应测井仪上传的数据解码后上传给台架。通过观察台架采集的数据,说明专用短接工作正常。

5.4　部分测井资料

自从 HIL 感应测井仪专用短接样机开发成功后,该短接在油田测井现场得到了广泛的使用,测井一次性成功率达到 100%,测出的曲线合格率达到 100%,优秀率达到 95%。由于 HIL 感应测井仪具有探测深度大、曲线分辨率高等特点,被广泛应用于探井和评价井的生产任务中,得到用户的广泛好评,极大地满足了油田勘探开发的要求。图 5-26～图 5-28 所示的为 HIL 感应测井仪与 EILOG05 组合测井的曲线,其中 IR1A、IR2A、IR3A、IR4A 曲线为 HIL 感应测井仪测得的地层电阻率曲线,图 5-26 所示的为黄×××井部分组合测井曲线,图 5-27 所示的为庄×××井部分组合测井曲线,图 5-28 所示的为白×××井部分组合测井曲线。图 5-29～图 5-31 所

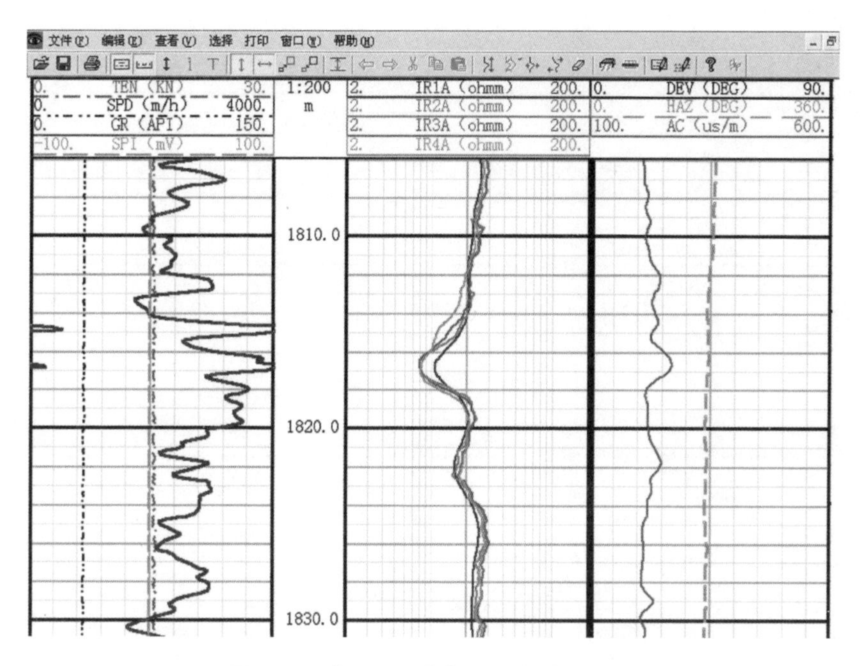

图 5-26　黄×××井部分组合测井曲线

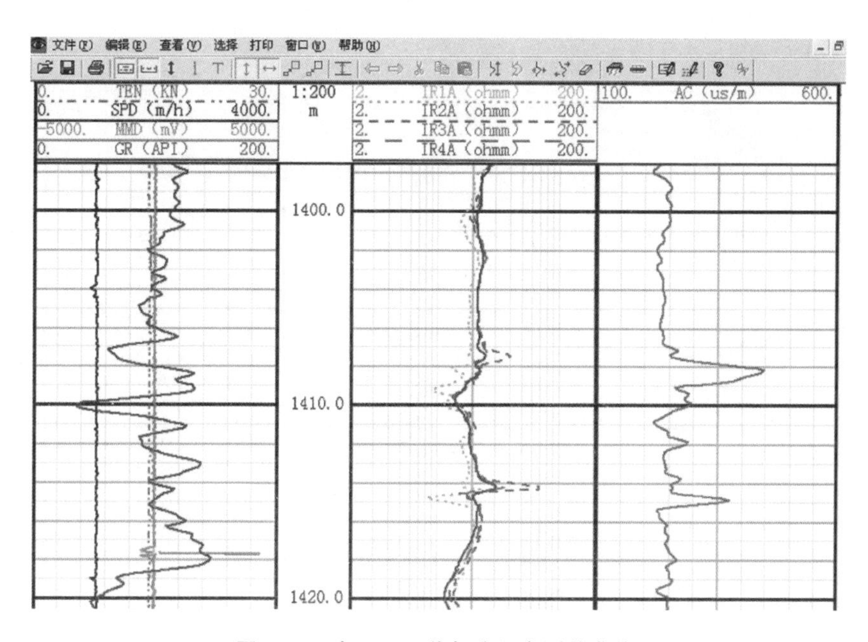

图 5-27　庄×××井部分组合测井曲线

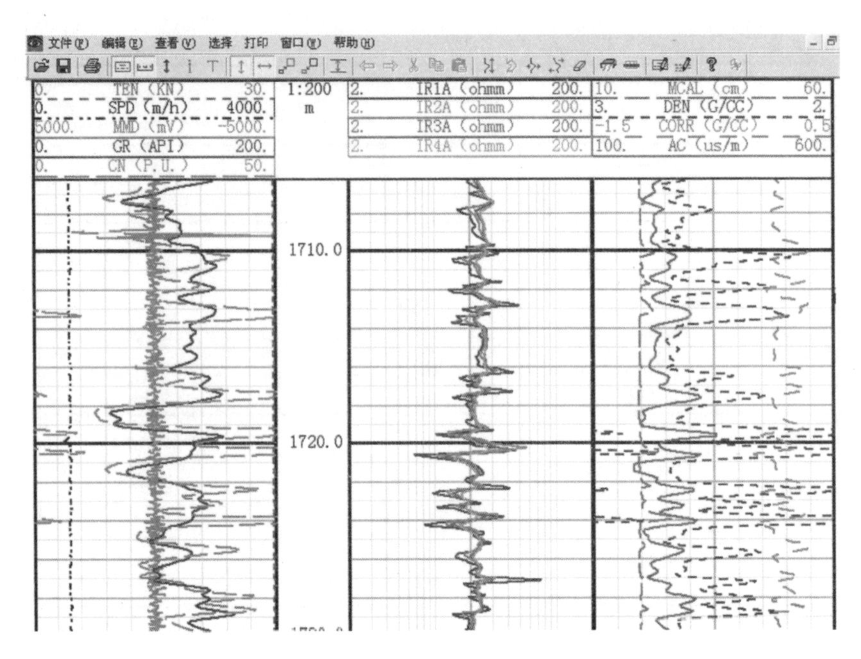

图 5-28　白×××井部分组合测井曲线

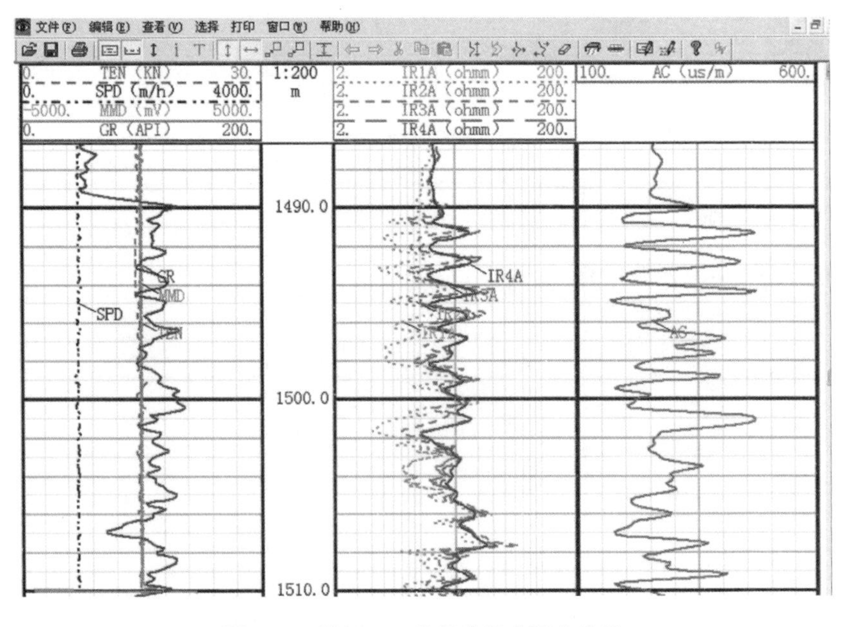

图 5-29　镇×××井部分组合测井曲线

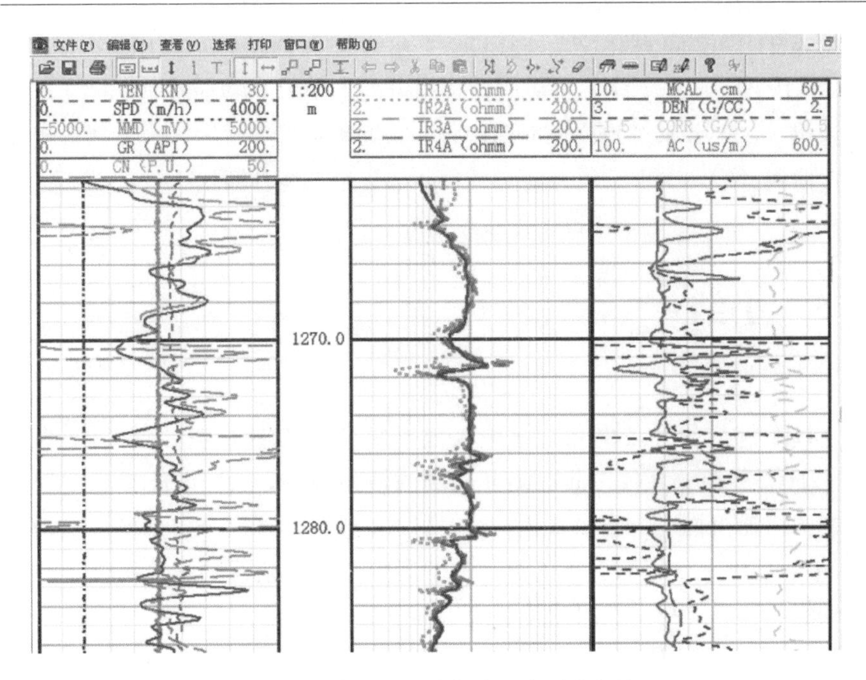

图 5-30 宁×××井部分组合测井曲线

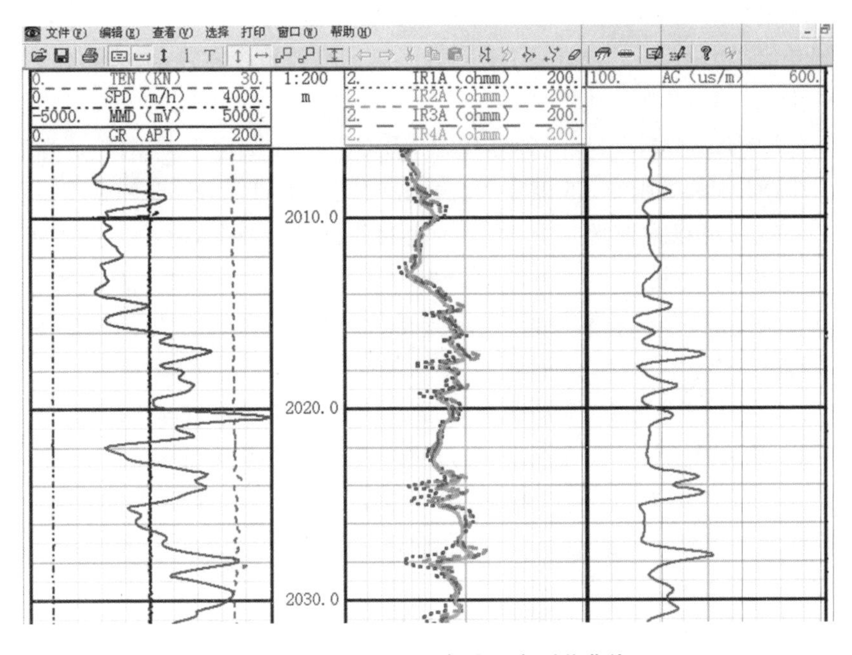

图 5-31 延×××井部分组合测井曲线

示的为 HIL 感应测井仪与 EILOG06 组合测井曲线，其中 IR1A、IR2A、IR3A、IR4A 曲线为 HIL 感应测井仪测得的地层电导率曲线，图 5-29 所示的为镇×××井部分组合测井曲线，图 5-30 所示的为宁×××井部分组合测井曲线，图 5-31 所示的为延×××井部分组合测井曲线。

5.5 小结

HIL 感应测井仪专用短接极大地方便了 HIL 感应测井仪的使用，提高了 HIL 感应测井仪在油田测井现场的使用效率，解决了 HIL 感应测井仪在国内油田推广的技术难题。同时，HIL 感应测井仪专用短接的成功研制，为今后国外仪器的引进以及实现不同生产厂家仪器的配接提供了一定的经验和技术支持。取得的主要成果如下。

(1) 针对采用组合测井方法提高生产效率的需求，根据测井信号的分类和不同组合方式，采用曼彻斯特软编解码技术、现场总线技术、信号格式自适应识别技术，成功研制了一种井下信号格式专用短接，实现了 HIL 感应测井仪与 EILOG05、EILOG06 测井系统的高效组合测井，大大地提高了测井生产效率，节约了生产成本。

(2) HIL 感应测井仪可以挂接到 EILOG05 和 EILOG06 测井系统上。在 EILOG05 和 EILOG06 测井系统软件的支持下，EILOG05 和 EILOG06 测井系统就可以方便地指挥 HIL 感应测井仪进行测井，解决了以前使用 HIL 感应测井仪时必须使用专用面板的技术难题。地面测井系统按深度驱动方式下发命令、采集数据、处理数据、记录数据和绘制测井曲线，从而完成测井任务。

(3) 有利于更准确地发现油气层。HIL 感应测井仪与 EILOG05 和 EILOG06 测井系统的配接成功，可以充分发挥 HIL 感应测井仪的优势，在 EILOG05 和 EILOG06 测井系统的平台上，HIL 感应测井仪可以提供 4 种探测深度的电导率测井曲线，具有分层能力较强、测量的线性范围大和探测深度较深的优点，真实地反映地层真电导率，可以定量识别油水层，准确判识储层的含流体性质。

6 结束语

感应测井是利用电磁感应原理测量地层电导率的一种测井方法，对于低电阻率油气层的识别，感应测井较电阻率测井具有明显优势。HIL 感应测井仪是由俄罗斯研制的一种感应测井仪器，与我国自主研发的同类感应测井仪器相比有明显的优势，与从国外引进的阵列感应测井仪器相比，它虽然在整体性能上没有优势，但却拥有更好的性能价格比。

由于 HIL 感应测井仪与我国生产的测井地面系统不兼容、不匹配，其生产厂家专门开发的适配器又没有充分考虑到我国测井地面系统的实际情况，兼容性较差，因此 HIL 感应测井仪不能在我国直接有效地发挥作用。为了及时解决 HIL 感应测井仪在我国推广应用过程中出现的问题，笔者运用测井仪器适配技术成功地开发了与 HIL 感应测井仪相配接的 Ht-log 便携式测井地面系统和 HIL 感应测井仪专用短接。

在 Ht-log 便携式测井地面系统的支持下，我国生产的任何测井地面系统均可以配接 HIL 感应测井仪完成测井任务。由于 Ht-log 便携式测井地面系统具有体积小、重量轻、携带方便等特点，而且性能稳定、工作可靠，因此受到了测井现场工程师们的欢迎。

在 HIL 感应测井仪专用短接的支持下，HIL 感应测井仪可以直接配接在井下遥传短接上与其他测井仪器进行组合测井，测井仪器车无需增加任何箱体和连线，大大地提高了生产效率，进一步发挥了 HIL 感应测井仪在我国石油测井生产中的作用。

测井仪器适配技术是指为最大限度地发挥不同生产厂家（包括国内和国外）生产的测井仪器的作用和提高生产效率，利用先进的电子技术、通信技术、测控技术和计算机技术解决测井仪器在信号传输和信号处理中所遇到的信号格式不兼容、电气特性不匹配、效率低下和因硬软件系统庞大而导致的施工、操作不便等问题的方法和手段。

适配技术不但可以解决本书提到的 HIL 感应测井仪在我国的推广应用问题，而且可以有效地解决许多其他的因为不匹配、不兼容所带来的问题。我国有多家石油测井公司，几乎每家石油测井公司均同时在使用多个生产厂家生产的测井地面系统和测井下井仪器。一个厂家生产的测井地面系统往往与另一个厂家生产的下井仪器不能完全兼容，因此，为了完成一口井的所有测井任务，有时测井公司不得不派出两个甚至多个测井小队到测井现场开展测井工作，从而造成了人力物力的浪费。在多年的科学研究和社会服务的实践中，笔者使用测井仪器适配技术，多次、有效地解决了不同厂家生产的测井地面系统和下井仪器之间的不匹配、不兼容问题，为测井公司节约了大量的成本。解决俄罗斯生产的 HIL 感应测井仪在我国的推广应用只是笔者解决的众多适配问题中的一个实例。

参考文献

[1] 冯启宁,鞠晓东,柯式镇,等. 测井仪器原理[M]. 北京:石油工业出版社,2010.

[2] 胡澍,朱云生,熊晓东. 地球物理测井仪器[M]. 北京:石油工业出版社,1991.

[3] 熊晓东.数控测井微型地面系统[M]. 北京:石油工业出版社,2002.

[4] 中国石油天然气集团公司测井重点实验室. 测井新技术培训教材[M]. 北京:石油工业出版社,2004.

[5] 田济儒, 蔡洪杰, 吴黎辉,等. HIL 高频阵列感应仪应用原理分析及评述[J]. 石油管材与仪器, 2008, 22(2):41-44.

[6] 刘复屏, 李华溢, 秦军. 俄罗斯 HIL 感应测井仪特点及性能评价[J]. 石油管材与仪器, 2004, 18(6):28-31.

[7] TVER GEOPHYSICS RESEARCH AND PRODUCTION CENTER. GEOPHYSICAL INTERFACE ADAPTER AC-3 OPERATING MANUAL[R]. Moscow: TVER,2002.

[8] 陈世英, 张瑞新, 季彩玲. 俄罗斯 HIL 阵列感应测井仪在投产中出现的问题及改进[J]. 石油管材与仪器, 2008, 22(3):95-96.

[9] 关照星, 刘永民, 张瑞新. 俄罗斯感应测井传输系统电路改进[J]. 石油管材与仪器, 2009, 23(2):85-86.

[10] 马火林, 余钦范, 耿贤锐. 俄罗斯感应测井地面采集系统分析和改进[J]. 石油管材与仪器, 2006, 20(3):74-75.

[11] 熊晓东. 数控测井微型地面系统[M]. 北京:石油工业出版社,2002.

[12] 魏勇. 基于 USB 的测井地面采集系统的研制[J]. 石油管材与仪器, 2008, 22(4):79-81.

[13] 马火林, 余钦范, 贺新蔚. 俄罗斯测井仪器地面采集系统分析[J]. 石油天然气学报, 2006,28(3):285-288.

[14] 丁频一. 基于虚拟仪器的深度轮误差校正系统设计[D]. 重庆大学, 2016.

[15] 马秀妮，李传伟，王坤宁，等. 曼彻斯特码和 PCM 码信号模拟板的设计与应用[J]. 石油管材与仪器，2012，26(3):79-80.

[16] 李安宗. 基于 FPGA 及 DSP 的测井遥传信号解码技术[J]. 地球物理学进展，2006，21(1):304-308.

[17] 罗明璋，王慧军. 基于高速单片机的曼彻斯特码数据采集系统的实现[J]. 长江大学学报(自科版)，2006，3(4):84-85.

[18] 牟腾. 磁定位测井与注入剖面测井工具深度误差探讨[J]. 石油管材与仪器,2017，3(4):59-62.

[19] 汤天知. EILOG 测井系统技术现状与发展思路[J]. 测井技术,2007,(02):99-102.

[20] 罗明璋,熊晓东,陈宝,等. 一种多功能井下信号转换适配器的设计与应用[J]. 测井技术,2013,37(03):297-301.

[21] 吴爱平,付青青. 基于 FPGA 的 DTB 总线模拟器设计[J]. 石油仪器,2009,23(01):79-81,104.

[22] 罗明璋,熊晓东,吴爱平. 一种 PCM/DTB 井下信号格式转换短接的实现[J]. 石油仪器,2013,27(01):9-11,7.

[23] 鲁保平,秦力,张秋建. 多功能测井仪器测试台架[J]. 石油仪器,2005,(06):17-19,89.

[24] 孙钦涛,陈鹏,陈宝. 基于 CAN 总线的测井数据采集系统的研制[J]. 测井技术，2007,(04):367-369,379.

[25] 常杰锋. 测井仪器通用 CAN 总线接口设计与实现[D]. 华中科技大学,2007.